Die Grundlagen unserer Ernährung

und unseres Stoffwechsels

Von

Emil Abderhalden

o. ö. Professor der Physiologie und der physiologischen Chemie
an der Martin Luther-Universität Halle a. S.

Vierte, vollständig neu verfaßte Auflage

Springer-Verlag Berlin Heidelberg GmbH 1939

ISBN 978-3-662-40791-2 ISBN 978-3-662-41275-6 (eBook)
DOI 10.1007/978-3-662-41275-6

Ursprünglich erschienen bei Julius Springer in Berlin 1939

Vorwort.

Die erste Auflage dieses Buches erschien mitten in der Zeit des Weltkrieges. Mit der Verknappung der Nahrungsmittel ergab sich immer dringender das Bedürfnis, mit den noch erreichbaren so haushälterisch als nur möglich umzugehen. Zwangsläufig erwachte das Interesse an Ernährungsfragen. Aufklärungsvorträge wurden erbeten, und schließlich Kurse über die Grundlagen der Ernährung und des Stoffwechsels abgehalten. Von den Teilnehmern an solchen ging die Bitte aus, das Vorgetragene in Buchform zur Verfügung zu stellen. So entstand das vorliegende kleine Werk. Rasch war es vergriffen. 1919 war schon eine dritte Auflage erforderlich. Wenn jetzt nach langer Pause eine weitere, völlig neugeschriebene Auflage erscheint, so deshalb, weil immer wieder nach einer solchen verlangt worden ist, und dann auch, weil das Interesse an Ernährungsfragen und an solchen des Stoffwechsels dauernd ein reges ist. Nun gibt es in ausreichender Zahl Werke über alle hier behandelten Probleme für den Fachgelehrten oder doch fachlich gut Vorgebildeten. Daneben existieren zahlreiche „populär" gehaltene Schriften über Fragen der Ernährung. Es handelt sich dabei oft um sehr einseitige Empfehlungen irgendeiner „allein richtigen" Ernährungsweise. Es ist vollkommen zwecklos, gegen die so verschiedenartigen Ernährungslehren Stellung zu nehmen. Es gibt nur einen Weg, Irrtümer zu bekämpfen, und das ist Verbreitung von entsprechendem Wissen. Nur derjenige, der die jeweils in Betracht kommenden Grundlagen kennt, vermag sich auf jedem beliebigen Gebiete zurechtzufinden und sich von Fall zu Fall ein Urteil zu bilden. In diesem Sinne möchte das vorliegende Büchlein Führer sein. Es will mit seinem Inhalt keines der viel vollkommeneren Werke über Ergebnisse der Ernährungsforschung ersetzen. Es ist nur als Einführung gedacht. Derjenige, der praktische Anweisungen über die vollkommenste Art der Ernährung etwa an Hand von Rezepten erwartet, wird es schwer enttäuscht beiseitelegen. Das gleiche ist der Fall, wenn jemand die letzten Erkenntnisse minuziösester Forschung auf dem Gebiete der Ernährung und des Stoffwechsels dargestellt zu finden hofft. Die Darstellung ist mit voller Absicht so gehalten, daß weite Kreise ihr folgen können. Es wird wenig vorausgesetzt und nur das unumgänglich Notwendige gebracht. Auf die Wiedergabe von chemischen Formeln u. dgl. m. ist fast ganz verzichtet, weil sie demjenigen, der nicht gründliche chemische Kenntnisse besitzt, nichts auszusagen vermögen. Ich bin vollauf befriedigt, wenn von dem kleinen Buche Anregungen ausgehen, mehr zu erfahren. Mögen dann die Betreffenden zu den jeweils in Betracht kommenden Fachwerken greifen.

Halle a. d. S., im Januar 1939.

EMIL ABDERHALDEN.

Inhaltsverzeichnis.

Seite

Einleitung. Die Abhängigkeit unserer Ernährung von der Pflanzenwelt. Kreislauf von Stoff und Energie zwischen Pflanzen- und Tierwelt.

Die erste Voraussetzung für das Verständnis der Tatsache, daß wir, wie übrigens jedes Lebewesen der Pflanzen- und Tierwelt, der Nahrung bedürfen, um leben zu können, ist die Erkenntnis, daß Naturgesetze, welche Vorgänge in der unbelebten Natur beherrschen, auch für unseren Organismus Geltung haben. Uns interessiert an dieser Stelle insbesondere, daß der direkte Versuch zu dem an sich zu erwartenden Ergebnis *des Waltens des Gesetzes der Erhaltung der Energie* für alle in unserem Körper sich vollziehenden Vorgänge, die mit Energieumsetzungen verknüpft sind, geführt hat. Das bedeutet, daß wohl Energieformen sich wandeln können, immer bleibt jedoch die Summe der Energien sich gleich. Betrachten wir von diesem Gesichtspunkt aus unseren Organismus, dann erkennen wir ohne weiteres, *daß wir Nahrung brauchen, um bestimmte energetische Leistungen zu befriedigen.* So besitzen wir in Unabhängigkeit von der Temperatur der Umgebung eine in engen Grenzen gleichbleibende Körpertemperatur, nämlich etwa 37°. Ihre Aufrechterhaltung bedarf feinster Regulierungen.

Es muß die Wärmebildung mit der Wärmeabgabe in Einklang gebracht werden. In der Regel ist die Außentemperatur niedriger als unsere Körpertemperatur. Das bedeutet, daß unser Körper Wärme hervorbringen muß, um zu verhindern, daß jene absinkt.

Neben diesem Bedarf an Energie zur Aufrechterhaltung der Temperatur unseres Körpers gilt es, solche für *Arbeitsleistungen* zur Verfügung zu stellen. Es handelt sich dabei im wesentlichen um *Muskelarbeit.* Ihr Umfang ist außerordentlich wechselnd. Ganz ohne solche sind wir selbst im tiefsten Schlafe nicht. Unser Herz arbeitet Tag und Nacht. Es muß beständig eine bestimmte Blutmenge vorwärtsbewegen — sei es nun zur Lunge zur Durchführung des Gasaustausches (Abgabe von Kohlensäure, Aufnahme von Sauerstoff), sei es zum Zwecke der Nahrungszufuhr und anschließend zum Abtransport von Stoffwechselprodukten der Gewebszellen in dem gesamten Körper. Dabei müssen Widerstände im Blutgefäßsystem überwunden werden; ferner muß dem Blute eine bestimmte Strömungsgeschwindigkeit erteilt werden. Endlich vollzieht sich fortlaufend die Atmung. Der Brustkorb muß gehoben werden. Das Senken geht dagegen ohne Energieaufwand vor sich. Auch sonst vollziehen sich, wenn auch in sehr beschränktem Umfang, mancherlei Muskelleistungen. Die Skeletmuskulatur ist nie ganz erschlafft, sie verfügt vielmehr beständig über eine fein einregulierte Spannung. Sobald wir aufstehen, erhöht sich die Muskelarbeit. Jede zusätzliche Bewegung beim Stehen, Gehen, Springen bis hin zu jenen körperlichen Leistungen, die der Laie als Arbeit der Faust bezeichnet, erfordert eine entsprechend erhöhte Zurverfügungstellung von Energie.

Wir haben absichtlich den Bedarf von Nahrung zunächst in Zusammenhang mit energetischen Leistungen gebracht, und zwar deshalb, weil eine Beziehung vorliegt, die besonders sinnfällig ist. Jedermann weiß, daß die Erwärmung eines Raumes oder eine maschinelle Bewegung irgendwelcher Art ohne Energiezufuhr unmöglich ist. Auch der Ofen und die Maschine müssen in gewissem Sinne mit Nahrung — nämlich Energie enthaltendem Material — versorgt werden. Wir verbrennen Kohlen, Benzin usw. mit dem Ziele, bestimmte Energieformen zu entwickeln — Wärme- und Arbeitsenergie.

Die erste Frage, die nunmehr zu beantworten ist, ist die *nach der Herkunft der in unserer Nahrung zur Verfügung stehenden Energie. Sie entstammt ausschließlich der von der Sonne ausgestrahlten!* Wir selber können diese nicht einfangen und festlegen, vielmehr ist dieser grundlegend wichtige Vorgang ausschließlich jenen Zellarten vorbehalten, die über *Chlorophyll* (grüner Blattfarbstoff) verfügen. Damit haben wir festgestellt, daß *der tierische Organismus und damit auch wir vollkommen von bestimmten Leistungen der Pflanzenwelt abhängig sind,* denn nur die Pflanze bildet jenen Farbstoff und besitzt ferner jene Strukturen und Einrichtungen in bestimmten Zellen, die zur Bildung von organischen (Kohlenstoff-) Verbindungen aus Kohlensäure und Wasser unter Abspaltung von Sauerstoff erforderlich sind. Man nennt den ganzen Vorgang auch *Kohlensäureassimilation.* Es entsteht zunächst über einfachere Verbindungen (sehr wahrscheinlich Formaldehyd) im Pflanzenblatt *Stärke.* Sie gehört in die Klasse der Kohlehydrate. Sie ist zusammengesetzter Natur. Man kann sie unter Wasserzufuhr in einfachere Verbindungen aufspalten. Immer wird bei Abspaltung von Bruchstücken Wasser eingefügt. Man nennt deshalb diese Art des Abbaues ganz allgemein *Hydrolyse* (Hydro = Wasser, Lyse = Spaltung). Dieser Vorgang spielt im Stoffwechsel aller Zellen bei der Zerlegung zusammengesetzter Stoffe in einfachere eine große Rolle. Umgekehrt können Zellen unter Abspaltung von Wasser einfachere Verbindungen zu höhermolekularen aufbauen. Es ist von der größten Bedeutung, daß bei allen derartigen Ab- und Aufbauvorgängen keine irgendwie in Betracht kommenden Energieumsetzungen stattfinden. Bei ihrer Durchführung sind Stoffe beteiligt, die *Fermente* genannt worden sind. Sie leiten chemische Reaktionen ein, bestimmen ihren Verlauf und beschleunigen ihren Ablauf. Sie wirken in Spuren. Man hat das Wesen ihrer Wirkung mit derjenigen von *Katalysatoren* der unbelebten Natur verglichen. Wir wissen, daß in der heutigen Zeit bei der Gewinnung eines sehr großen Teiles der in der chemischen Industrie erzeugten Stoffe bestimmte Katalysatoren eine entscheidende Rolle spielen, sei es nun, daß z. B. Stickstoff und Wasserstoff miteinander vereinigt oder aus Kohle Benzin und so viele andere Produkte gebildet werden, oder aber Öle gehärtet, d. h. vom flüssigen in den festen Zustand übergeführt werden[1], um nur einige Beispiele zu nennen. Die Anwesenheit von bestimmten Stoffen, die vorübergehend mit Reaktionsprodukten in unmittelbare Beziehung treten können, jedoch nach dem Ablauf des ganzen Vorganges unverändert zur Auslösung und Beeinflussung neuer entsprechender Reaktionen zur Verfügung stehen, bedingt, daß z. B. solche, die erst bei sehr hohen Temperaturen und vielfach auch erst unter Anwendung sehr hoher Drucke in Gang kommen, bei viel niederen Temperaturen und geringeren Drucken ermöglicht werden.

Die in Zellen wirksamen Katalysatoren stellen in der Regel kompliziert zusammengesetzte Systeme von Verbindungen dar. Sie werden von den Zellen selbst gebildet. So hat das Pflanzenblatt alle jene Fermentsysteme in sich, die notwendig sind, um über mancherlei Zwischenstufen das erste Produkt der Assimilation aus Kohlensäure und Wasser unter Energieaufwand (Sonnenenergie!) bis zu Stärke aufzubauen und diese wiederum abzubauen. Ist die Hydrolyse von Stärke (sie besteht aus zwei Anteilen, nämlich *Amylose* und *Amylodextrin*) vollendet, dann bleibt ausschließlich das Kohle-

---

[1] Der Vorgang der *Härtung der Fette* besteht in der Anlagerung von Wasserstoff an ungesättigte Kohlenstoffbindungen. Er ist für die Beschaffung von Fetten, die zu unserer Ernährung dienen, von der allergrößten Bedeutung (*Margarine*-Fabrikation). In den Ölen finden sich nämlich ungesättigte Fettsäuren, z. B. Ölsäure. Man kann diese durch Wasserstoffanlagerung in Stearinsäure überführen. Die erstere ist bei gewöhnlicher Temperatur flüssig, die letztere fest.

hydrat *Traubenzucker* übrig. Er ist der Baustein der Anteile des Stärkekornes.

Es ist nun von größter Bedeutung, daß zur Bildung von Kohlehydrat aus Kohlensäure und Wasser eine ganz bestimmte Menge von Energie erfoderlich ist, und zwar pro Gramm abgerundet 4 Kilogrammkalorien Die gleiche Energiemenge wird verfügbar, wenn aus Kohlehydrat wieder Kohlensäure und Wasser hervorgehen. Dieser Vorgang vollzieht sich in unserem Organismus.

Bei der Pflanze stehen die Kohlehydrate im Mittelpunkt aller Umsetzungen. Von ihnen geht — direkt oder indirekt — die Bildung aller anderen organischen Verbindungen, wie Fette, Eiweißstoffe, Farbstoffe, Duftstoffe, Alkaloide usw. usw. aus. Von der Pflanze beziehen wir in letzter Linie ausschließlich alle unsere organischen Nahrungsstoffe mit Einschluß des in ihnen enthaltenen Energievorrates. Nehmen wir Nahrung aus dem Tierreich auf, dann ist die Beziehung zur Pflanzenwelt eine indirekte, und zwar dadurch, daß jenes Tier, dessen Fleisch usw. wir genießen, seine Körpersubstanzen aus Pflanzenstoffen aufgebaut hat[1]. Aus diesen Betrachtungen erhellt, daß *der Umfang tierischen Lebens vollständig von demjenigen der pflanzlichen Produktion abhängt.* Nun verstehen wir, weshalb so gewaltige Anstrengungen gemacht werden, um den Anbau von Nah-

---

[1] Der reine Fleischfresser (Karnivore) steht insofern mit der Pflanzenwelt in Beziehung, als er direkt oder indirekt Tiere frißt, die ihren Körper auf Kosten von Pflanzennahrung aufgebaut haben.

rungsmittelpflanzen zu fördern. Ein ganzes Heer von Forschern und Forschungsstätten in großer Zahl sind eingesetzt, um den Nahrungsraum zu erweitern. Da die Pflanze auch der Nahrung bedarf — neben Kohlensäure und Wasser vornehmlich stickstoffhaltige Verbindungen, Mineralstoffe —, muß in erster Linie dafür gesorgt werden, daß diese in ausreichender Menge zur Verfügung steht. Es gilt, den Ackerboden so mit den für die Pflanzen erforderlichen, durch ihre Wurzeln aufnehmbaren Nahrungsstoffen zu versehen — zu düngen —, daß sie in ihrem Wachstum so stark als nur möglich gefördert werden. Es ist dies kein einfaches Problem! Neben einer ausreichenden und in ihrer Zusammensetzung bestmöglichen Düngung, die je nach der Pflanzenart und den besonderen Bedingungen des Bodens verschieden sein muß, gilt es, die Bodenbeschaffenheit für Nahrungsmittelpflanzen optimal zu gestalten. *Der Ackerboden ist nicht ein totes Gebilde, er stellt vielmehr eine aus Lebewesen aller Art bestehende Gemeinschaft dar.* Diese stehen in ihrem Stoffwechsel in mannigfachen Wechselbeziehungen. So ist z. B. in den gewöhnlichen Düngemitteln — tierische und pflanzliche Abfälle — der Stickstoff nicht in der Bindung vorhanden, in der er die für anschließende Synthesen in Pflanzenzellen geeignete Form hat. Obwohl er sich in den schließlich gebildeten Stoffen, wie Eiweißstoffen usw., in reduzierter Form vorfindet, wird er in hochoxydierter Form (salpetersaures Salz) aufgenommen. Im Ackerboden finden sich Mikroorganismen, die Ammoniak in salpetrige Säure verwandeln. Andere führen diese in Salpetersäure über. Unter anderem bilden bestimmte Lebewesen ferner aus Bestandteilen der Pflanzennahrung Stoffe, die für das Wachstum von Pflanzen von größter Bedeutung sind (besonders bekannt geworden sind in dieser Hinsicht die *Auxine*). Wurzelentwicklung usw. werden durch Spuren von derartigen Stoffen, die gewiß zum Teil auch in der Pflanze selbst gebildet werden, angeregt. Bei der Frage der optimalen Düngung muß man stets dem Umstand Rechnung tragen, daß der Acker „arbeitet". Er wirkt mit seinen zahlreichen Lebewesen aktiv bei der Zubereitung der Nahrungsstoffe für die Pflanze mit. Sie stirbt entweder an Ort und Stelle ab und verfällt dann der Zersetzung durch die Lebewelt des Bodens, oder aber ein Tier benützt sie als Nahrung. Dieses liefert im naturgegebenen Kreislauf der Stoffe jenem die aufgenommene Nahrung wieder in Gestalt von Harn und Fäzes (Kot) zurück. Die zugleich gebildete Kohlensäure wird der Luft zurückgegeben und steht wiederum der Pflanzenwelt zu neuen Aufbauvorgängen zur Verfügung.

Der wunderbar organisierte Kreislauf von Stoffen, der sich zwischen Pflanzen- und Tierwelt vollzieht, ist in seiner Leistungsfähigkeit Beschränkungen unterworfen. Zunächst ergeben sich gewisse Störungen dadurch, daß es im Boden Mikroorganismen gibt, die den Stickstoff aus der gebundenen Form in die freie überführen. Damit ist er für die bei weitem größte Anzahl von Lebewesen unverwertbar geworden. Kein tierischer Organismus kann den freien Stickstoff in seinem Stoffwechsel verwenden. Das gleiche gilt für die höheren und auch viele niederen Organismen der Pflanzenwelt. Es gibt jedoch einfachere Lebewesen, die den freien Stickstoff zu binden vermögen. So finden wir an den Wurzeln der Leguminosen eigenartige Knöllchen. Sie enthalten Bakterien, die den Stickstoff der Luft in organischer Bindung festlegen und damit die Möglichkeit seiner Verwertung durch die Pflanze vermitteln. Nun verstehen wir, weshalb der Ackerboden an Nährwert für Getreidearten mehr und mehr verarmt, wenn nicht ausreichend gedüngt werden kann, während z. B. Luzerne immer wieder mit Erfolg an der gleichen Stelle angepflanzt werden kann. Die ersteren besitzen keine Einrichtungen, um den Gehalt des Bodens an gebundenem Stickstoff zu vermehren, während das bei den Schmetterlingsblütern der Fall ist. Das ist auch der Grund, weshalb für die sog. Gründüngung bevorzugt Pflanzen aus der genannten Klasse angepflanzt werden, und zwar in der Absicht, nach erfolgter Aberntung von Getreide dem Boden wieder gebundenen Stickstoff zuzuführen. Die untergepflügte Pflanzendecke wird mit ihrem ganzen Inhalt im Laufe der Zeit zersetzt. Dabei werden auch die durch die obenerwähnten sog. Wurzelbakterien gelieferten stickstoffhaltigen Produkte in jene Form gebracht, in der sie für die Pflanze verwertbar ist. Freier Stickstoff der Luft ist so wieder in den Kreislauf eingefügt. Erwähnt sei noch kurz, daß im Waldboden — insbesondere auf dem Fallaub lebend — Mikroorganismen vorhanden sind, die ebenfalls die Fähigkeit besitzen, Luftstickstoff zu assimilieren.

Es ist offenbar im wesentlichen durch die freien Stickstoff verwertenden Lebewesen jene Lücke im Kreislauf des Stickstoffs geschlossen, die dadurch entsteht, daß Lebewesen freien Stickstoff entwickeln. Nun hat ihn jedoch der Mensch in mannigfacher Weise sehr stark gestört. Er gibt vielfach Harn und Fäzes, ja Leichen, nicht dem Erdboden zurück, vielmehr verbrennt er die letzteren zum Teil, und die ersteren Produkte leitet er Flüssen zu. Je dichter das Zusammenwohnen von Menschen wurde, um so mehr entstand das Bestreben, Abfallstoffe aller Art auf „unnatürliche" Weise zu beseitigen. Die Zeit eilt dahin! Vergessen sind bald Not und Sorge! Noch gegen Ende des vergangenen Jahrhunderts war die Anzahl der Abhandlungen nicht klein, in denen ausgerechnet wurde, wieviel Jahre es noch dauern würde, bis für Mensch und Tier die Möglichkeit der Ernährung mehr und mehr eingeengt würde. Die Berechnungen hielten sich an den Vorrat an gebundenem Stickstoff (Chilesalpeter, Guano, stickstoffhaltige Bestandteile der Kohle). Auf der einen Seite stand die fortlaufende Abnahme an solchen Vorräten und auf der anderen die von Jahr zu Jahr zunehmende Inanspruchnahme von stickstoffhaltigen Düngemitteln. Die Pessimisten behielten insofern nicht Recht, als sie in ihre Berechnungen die Leistungen des menschlichen Geistes nicht einschlossen. Die Natur selbst gab die ersten Fingerzeige, wie man den in unbegrenzten Mengen zur Verfügung stehenden freien Stickstoff der Luft binden kann. Bei jedem Gewitter weist der niedergehende

Regen gebundenen Stickstoff auf. Seine Menge ist zwar nicht sehr groß, jedoch immerhin beachtlich. Es sind die elektrischen Entladungen, die Stickstoffbindung zur Folge haben. Man ahmte das nach (elektrische Entladungen). Bald folgten andere Methoden (Kalkstickstoff!). Alle wurden übertrumpft durch das HABER-BOSCHsche Verfahren der Stickstoffbindung an Wasserstoff. Alle Sorgen in Hinsicht auf gebundenen Stickstoff sind seit dieser Synthese für alle Zeiten gebannt!

Die richtig geleitete Düngung hat ihr Augenmerk nicht nur auf eine ausreichende Zufuhr an gebundenem Stickstoff zu lenken, *vielmehr müssen alle anderen für die Pflanze erforderlichen Baustoffe, wie Kalk, Kalium, Natrium, Phosphorsäure usw., berücksichtigt werden.* Besondere Aufmerksamkeit muß ferner der *Bodenbeschaffenheit* zugewandt werden. Es gilt, die physikalischen Eigenschaften des Bodens und seine Zusammensetzung zu kontrollieren. Eine große Rolle spielt z. B. seine Reaktion. So gedeihen z. B. auf sauren Böden nur ganz bestimmte Pflanzen, und zwar solche, die für unsere Ernährung nicht in Frage kommen. Wie sehr die Erfahrungen des Landwirtes und die Ergebnisse der Naturforschung zu berücksichtigen sind, geht schon daraus hervor, daß wir die Kenntnis von Pflanzen, die kalkliebend bzw. kalkfliehend sind, praktisch bei der Gestaltung der Düngung ausnützen. Interessanterweise kann man Pflanzen ebenso biologisch fördern und bekämpfen, wie das in der Tierreihe der Fall ist. Wir kennen Tier- und Pflanzengemeinschaften und ferner solche, die Vertreter der Tier- und Pflanzenwelt gemeinsam umfassen. In bestimmten Fällen erleben wir, daß die Anwesenheit einer bestimmten Pflanzenart das Gedeihen einer anderen schädigt. Es ist im einzelnen noch nicht restlos aufgeklärt, weshalb das Vorhandensein einer bestimmten Pflanzenart das Wachstum einer anderen fördert und das einer anderen hemmt. Ohne Zweifel sind dabei Spuren von Stoffen im Spiel.

Neben der Erforschung der im einzelnen Fall zweckmäßigsten Düngung und der optimalen Gestaltung der physikalischen und chemischen Beschaffenheit des Ackerbodens ist die *Auslese von Nährpflanzen* mit in jeder Hinsicht besten Erträgnissen unter Verwertung der *Gesetze der Vererbung* von größter Bedeutung. So gilt es, besonders zuckerreiche Zuckerrüben, standfeste Getreidearten, solche mit hohem Eiweißgehalt, von Bitterstoffen möglichst freie Lupinen, ölreiche Pflanzen usw. herauszuzüchten. Eine große Bedeutung kommt ferner der Bekämpfung aller Schädlinge zu, sei es, daß man gegen bestimmte Infektionen widerstandsfähige Sippen herauszüchtet, sei es, daß man mittels bestimmter Eingriffe — biologische und künstliche (chemische, physikalische) — Schädlinge ausschaltet.

Diese kurzen Hinweise sollen andeuten, welch gewaltige Anstrengungen gemacht werden, um die Ernährung des Menschen sicherzustellen. Zugleich wird offenbar, daß man die Ernährung eines Volkes nicht von einer einzigen Seite aus vollwertig leiten kann. Weder kann der Ernährungsforscher allein Richtlinien geben, noch ist die landwirtschaftliche Forschung in allen ihren vielseitigen Disziplinen und auch nicht der Spezialist in Pflanzenzüchtung usw. dazu imstande, vielmehr gilt es, alle Kreise, die in irgendeiner Weise mit dem Ernährungsproblem verknüpft sind, zu erfassen. *Wenn irgendwo, so ist auf diesem so wichtigen Gebiete Gemeinschaftsarbeit notwendig, um das gesteckte Ziel einer vollwertigen Ernährung eines ganzen Volkes in allen seinen Teilen zu erreichen.* Die Zahl der zu berücksichtigenden Punkte ist groß. Neben all den erwähnten kommen noch Einflüsse des Klimas, ferner Ernährungsgewohnheiten, Umfang der zu leistenden Arbeit usw. hinzu. So bedeutet die Ablösung der Muskelarbeit durch eine Maschine nicht nur eine große Einsparung an Nahrung, vielmehr bedingt die dadurch erforderliche Umstellung in der ganzen Lebensweise eines Menschen auch eine mehr oder weniger tiefgehende qualitative Veränderung seiner Ernährung. Nur dann, wenn das ganze Ernährungsproblem als komplexes betrachtet wird, sind Fortschritte auf dem Gebiete der möglichst vollkommenen Versorgung der Bevölkerung mit Nahrung zu erzielen. Dabei ist es notwendig, daß alle direkt und indirekt mit Ernährungsfragen Befaßten sich gegenseitig verstehen lernen. In dieser Hinsicht sind noch viele Brücken zu schlagen!

Kehren wir nunmehr zu der Grundtatsache zurück, *daß die Pflanze für uns* (wie für jeden tierischen Organismus) *organische Nahrungsstoffe bereitet unter gleichzeitiger Verwandlung von „Sonnenenergie" in chemische, und daß quantitative Beziehungen zwischen jener Energiemenge bestehen, die erforderlich ist, um eine bestimmte Menge der einzelnen organischen Nahrungsstoffe aufzubauen, und jener, die wieder in Freiheit gesetzt wird, wenn durch Abbau dieselben Produkte entstanden sind, von denen die Pflanze ausgegangen ist,* so ergeben sich ganz von selbst bestimmte Gesichtspunkte für die Betrachtungsweise des Stoffwechsels. Wir können uns die Frage vorlegen, wieviel Energie ein Mensch von bestimmtem Alter, Geschlecht, bestimmter Körpergröße im Ruhezustand, bei Arbeitsleistung, unter bestimmten klimatischen Verhältnissen usw. notwendig hat. Wir können die Einnahme der Energie und ihre Ausgabe verfolgen. Die erstere entspricht dem Energieinhalt der aufgenommenen Nahrung — strenggenommen allerdings nicht ganz, denn es kommt in letzter Linie darauf an, wieviel davon von der Darmwand aufgenommen und von den Körperzellen verwertet wird. Wir kommen hierauf noch zurück. Für rohe Überschlagsberechnungen können wir die Zusammensetzung eines Nahrungsmittels an Kohlehydraten, Fetten und Eiweißstoffen als Ausgangspunkt für unsere Berechnung nehmen. Zumeist wird bei den einzelnen Werten, die in der Regel den Prozentgehalt eines Nahrungsmittels an den genannten Nahrungsstoffen angeben, ein Abzug von 10% gemacht[1]. Es ist dies ein Pauschalbetrag für jene Stoffe, die in den Fäzes wieder erscheinen, d. h. die nicht ausgenutzt worden sind.

---

[1] Ein solcher Abzug kommt nur für Nahrungsmittel des Pflanzenreiches in Betracht.

Nun müssen wir noch, um rechnen zu können, erwähnen, daß in unserem Körper 1 g Kohlehydrat 4, 1 g Fett 9 und 1 g Eiweiß 4 Kilogrammkalorien liefern. Während bei den zuerst genannten Nahrungsstoffen der physikalische Energiewert sich völlig mit dem „physiologischen“ deckt, ist das beim Eiweis nicht der Fall. Kohlehydrate und Fette liefern nämlich bei der Verbrennung zu Kohlensäure und Wasser im Kalorimeter genau so viel Energie, wie im Zellstoffwechsel bei der schließlichen Bildung der gleichen Endprodukte frei wird. Eiweiß dagegen wird im Organismus nicht so weit abgebaut wie in der kalorischen Bombe. Die bei weitem größte Menge des Stickstoffs des Eiweißes erscheint im Harn als Harnstoff. Dieser enthält Energie. Es bleibt somit ein Teil der im Nahrungseiweiß zugeführten Energie unverwertet.

Nehmen wir als Beispiel an, ein Nahrungsmittel enthalte nach Abzug der 10% (Nichtausnutzung) 4% Eiweiß, 6% Kohlehydrate und 7% Fett, dann enthalten 100 g desselben insgesamt 103 Kal. ($= 4 \times 4 = 16 + 6 \times 4 = 24 + 7 \times 9 = 63$).

Nun überlegte man, wie man zu einer Art von Nullwert im Stoffwechsel kommen könnte, auf dem sich dann alle Mehrleistungen des Organismus aufbauen lassen. Es gibt selbstverständlich während des Lebens keinen solchen im mathematischen Sinn, wohl aber ist es denkbar, Bedingungen ausfindig zu machen, unter denen der Stoffwechsel auf einer bestimmten niedrigen Höhe verläuft. Für vergleichende Versuche über das Verhalten des Stoffwechsels in Abhängigkeit vom Alter, Geschlecht, von der Rasse usw., war es unerläßlich, eine solche Grundlage zu finden. Sie ist durch folgende Bedingungen gegeben: 1. Möglichste *Muskelruhe* (erreicht durch bequemes Liegen unter möglichst weitgehender Entspannung der Skeletmuskulatur). 2. *Letzte Nahrungsaufnahme einige Stunden vor der Stoffwechseluntersuchung.* 3. *Eine Umgebungstemperatur, die keinen Einfluß auf den Stoffwechsel hat.* Zu dem letzten Punkte sei auf das S. 1 u. 2 Gesagte verwiesen. Sobald die Außentemperatur niedrig oder hoch ist, gibt das in die Haut eingebaute Temperatursinnessystem dem Wärmeregulationszentrum „Nachricht", worauf dieses entsprechende Maßnahmen ergreift, um die Körpertemperatur auf dem physiologischen Niveau zu halten. Eine Temperatur von etwa 18—20° C kann als indifferent für das Stoffwechselgeschehen betrachtet werden.

Man nennt den unter den angeführten Bedingungen sich vollziehenden Stoffwechsel *Grundstoffwechsel* oder, wenn man die Energiebilanz bestimmt, *Grundenergiewechsel.* Wir kommen auf beide noch zurück, hier sei nur erwähnt, daß sich von Bestimmungen des Stoff- bzw. Energiewechsels unter den angeführten Bedingungen aus feststellen läßt, wie beide durch zusätzliche Arbeitsleistungen beeinflußt werden. Ferner hat man durch entsprechende Untersuchungen an zahlreichen normalen Individuen Durchschnittswerte erhalten, von denen aus man beurteilen kann, ob bei Störungen in der Funktion bestimmter Organe der Grundumsatz verändert ist.

Wir haben des Energiewechsels deshalb schon an dieser Stelle gedacht, weil er in besonders klarer Weise Einblick in die unmittelbare Abhängigkeit unserer Ernährung und zugleich unseres Lebens von dem der Pflanzenwelt ermöglicht. Es gibt ferner keine andere Möglichkeit, den Rahmen des gesamten Stoffwechselgeschehens so klar abzuzeichnen wie durch die Darstellung der Energiebilanz eines Lebewesens. Wir können in kürzester Zeit berechnen, ob ein Organismus für bestimmte Leistungen mit der Nahrung genügend Energie zugeführt erhält oder nicht. Wir brauchen nur den Grundumsatz zu kennen und zu wissen, wieviel Energie für bestimmte Arbeitsleistungen erforderlich ist.

Es ist gerade die Zugrundelegung des Energieumsatzes für die Beurteilung der Ernährung gewesen, die so viel Staub aufgeworfen und so viel Kritik ausgelöst hat. Es bedeutet ein großes Mißverstehen, wenn angenommen wird, daß jemals daran gedacht worden ist, die Ernährung als solche allein vom Gesichtspunkt der Energiebilanz zu beurteilen. Einmal wissen wir, daß neben den organischen Nahrungsstoffen auch anorganische erforderlich sind. Ferner ist bekannt, daß eine bestimmte Menge Eiweiß durch Kohlehydrate und Fette nicht ersetzt werden kann. Endlich ist bekannt, daß auch die letzteren sich auf die Dauer nicht vollständig vertreten können. Schließlich ist erwiesen, daß noch organische Nahrungsstoffe unentbehrlich sind, die als Energiespender sicher keine Rolle spielen. Nun führen wir unter normalen Verhältnissen dem Organismus die einzelnen Nahrungsstoffe in Gestalt von Nahrungsmitteln zu. Diese bestehen in den meisten Fällen aus Geweben. Diese wiederum sind aus Zellen aufgebaut, die alle für ihre Funktionen erforderlichen Stoffe enthalten. Nehmen wir Milch auf, dann führen wir uns alle jene Nahrungsstoffe zu, die dem Säugling für sein Wachstum genügen; essen wir Eier, dann verfügen wir über jene Produkte, die ausreichen, um einen ganzen Organismus (das Hühnchen) aus einer befruchteten Zelle aufzubauen. Das heißt mit anderen Worten: Unter normalen Verhältnissen nehmen wir nicht reine Kohlehydrate, Fette und Eiweißstoffe auf, vielmehr Gemische aller Nahrungsstoffe, soweit sie in Nahrungsmitteln enthalten sind. Eine Ausnahme bildet bekanntlich der so wichtige Nahrungsstoff *Sauerstoff*, der in Gasform durch die Lungen in unseren Organismus eintritt.

Die für unsere Ernährung erforderlichen Nahrungsstoffe.

Vorbemerkungen.

Wir gelangen bei der Erörterung der Frage der für unsere Ernährung erforderlichen Nahrungsstoffe zu einer neuen Seite des Ernährungsproblems, nämlich zu der *stofflichen*. Im vorausgegangenen Abschnitt haben wir die energetische betrachtet. Jetzt fragen wir in erster Linie nach dem *Baumaterial für unsere Zellen und Gewebe* und nach der Natur jener Stoffe, die im Stoffwechsel unserer Gewebe umgesetzt werden. Wir bemerken, wie der Säugling wächst. Er setzt vom ersten Tag der Geburt an das bereits im Mutterleib vollzogene Wachstum fort. Er bildet fortgesetzt neue Zellen. Das Körpergewicht steigt. Nun haben wir bereits in der Einleitung hervorgehoben, daß keine Energie aus nichts entstehen und keine verschwinden kann. Ebensowenig können Stoffe aus nichts hervorgehen und zu nichts werden! Wohl sind mannigfache Umwandlungen von Verbindungen aller Art möglich, jedoch bleibt die Summe aller Elemente, die diese aufbauen, unvermindert. Das bedeutet, daß kein Zuwachs an Körpergewicht möglich ist, ohne Zufuhr und folgenden Ansatz entsprechender Stoffe. Dieser letztere vollzieht sich nicht etwa vergleichbar dem Aufbau eines Gebäudes, wobei fertig behauene Steine an Steine unter Aufwand von Arbeit gefügt werden, vielmehr erfolgen beim Vorgang der Zellneubildung umfassende Stoffumwandlungen, verbunden mit eingreifendem energetischem Geschehen. Zahlreiche feinste Regulationsprozesse greifen ein, um das erforderliche Material in einer der Zusammensetzung und der Menge nach geeigneten Form zur Verfügung zu stellen. Vererbte Baupläne bestimmen für jede Zellart mit besonderen Funktionen den gesamten Feinbau. So erleben wir beim wachsenden Säugling unausgesetzt umfassendes Stoffwechselgeschehen. Er bezieht die für seine Entwicklung erforderlichen Nahrungsstoffe, wenn wir vom Sauerstoff absehen, ausschließlich aus der *Muttermilch.* Sie ist in ihrer Zusammensetzung insofern „arteigen“, als jede Tierart Milch von ganz bestimmter Zusammensetzung hervorbringt. Es ist erstaunlich, wie außerordentlich weitgehend in der gesamten Tierwelt gleichen Funktionen dienende Einrichtungen der einzelnen Art angepaßt sind. Die Kenntnis der Tatsache, daß Menschenmilch sich nicht ohne weiteres durch solche irgendeiner Tierart ersetzen läßt, ist von der allergrößten praktischen Bedeutung. Wohl ist es geglückt, z. B. Kuhmilch durch entsprechende Veränderungen ihrer Zusammensetzung an einzelnen Inhaltsstoffen zu einem Nahrungsmittel für den menschlichen Säugling zu gestalten, *jedoch vermag sie die Muttermilch niemals in jeder Beziehung vollwertig zu ersetzen.*

Da nun der Säugling bei Aufnahme von Milch als einzige Nahrung wächst und zugleich im übrigen sich jene Funktionen vollziehen, die auch der erwachsene Organismus durchführt, gelangen wir ohne weiteres zu der Folgerung, daß das genannte Nahrungsmittel alle jene Stoffe enthalten muß, die für die genannten Leistungen erforderlich sind. *Somit muß die Analyse der Milch uns Aufklärung darüber geben, welche Nahrungsstoffe für unsere Ernährung notwendig sind.* Ganz so einfach liegen nun in Wirklichkeit die Verhältnisse doch nicht. Es hat sich nämlich herausgestellt, daß der Säugling bei der Geburt z. B. *Eisen* in größerer Menge von der Mutter aus miterhält. *Die Milch selbst ist auffallend eisenarm.* Zunächst genügt die mit ihr zugeführte Eisenmenge. Wird jedoch die ausschließliche Ernährung des Säuglings mit Milch über eine bestimmte Zeit hinaus (etwa 4—5 Monate) fortgesetzt, dann ist die normale

Bildung von Blutfarbstoff und zugleich von Blut gefährdet. Die einfachste Methode, Tiere blutarm zu machen, ist, sie nach Ablauf der normalen Säuglingsperiode weiterhin mit Milch zu ernähren. Diese Beobachtung zeigt uns, daß man zu Fehlschlüssen gelangen würde, wenn man von der Annahme ausginge, die *Zusammensetzung der Milch* gebe ohne weiteres einen qualitativen und quantitativen Einblick in die für die Ernährung des erwachsenen Menschen erforderliche Nahrungszusammensetzung. Erwähnt sei noch, daß u. a. der Gehalt der Milch an einzelnen jener Stoffe, die in sehr geringen Mengen für den normalen Ablauf des Stoffwechselgeschehens unentbehrlich sind — nämlich die *Vitamine* —, sehr gering ist. Es ist aus den angeführten Gründen sehr berechtigt, der Milch frühzeitig *Beinahrung* in Gestalt von fein gehacktem Gemüse usw. beizufügen. Die Grundlagen für diese Erkenntnis hat der geniale Biologe GUSTAV VON BUNGE geschaffen. Ihm verdanken wir die ersten, von biologischen Gesichtspunkten aus durchgeführten, vergleichenden Milchanalysen und die Entdeckung der großen Eisenarmut der Milch.

Eine andere Möglichkeit, uns mit jenen Stoffen vertraut zu machen, die zum Aufbau eines Organismus erforderlich sind, ist die *Analyse von Eiern.* Wir bemerken, daß nach erfolgter Befruchtung ohne jede Zufuhr von außen — immer ausgenommen der Sauerstoff — aus einfachsten Anfängen schließlich ein kompliziert gebauter Organismus hervorgeht. Aus der von ihm von innen eröffneten Kalkhülle entsteigt beim Nestflüchter der in jeder Hinsicht vollendete Vogel. Aus Bestandteilen des Eiinhaltes sind Knochen, Federn, Muskeln, Nerven usw. entstanden.

Wir können zur Beurteilung der für unsere Ernährung notwendigen Nahrungsstoffe auch von der *Zusammensetzung unseres eigenen Körpers* ausgehen. Die am Bau seiner Zellen, Gewebe, Körperflüssigkeiten usw. und an Stoffwechselvorgängen beteiligten Produkte unterrichten uns vollkommen über die Art von Stoffen, die wir benötigen, um eine vollwertige Ernährung unseres Organismus zu gewährleisten. Nicht ablesen können wir aus seinem Gehalt an den einzelnen Produkten die Mengen an ihnen, die wir uns zuführen müssen.

Bevor wir uns im einzelnen darüber unterrichten, welche Elemente und Verbindungen als Nahrungsstoffe für uns in Frage kommen, wollen wir ganz kurz einige Grundbegriffe erläutern. Wir sprechen von *Nahrung*, *Nahrungsmitteln* und *Nahrungsstoffen*. Der übergeordnete Begriff ist die Nahrung. Sie besteht in der Regel aus Nahrungsmitteln. Solche sind z. B. Obst, Gemüse, Kartoffeln, Brot, Fleisch usw. Die Nahrungsmittel wiederum bestehen aus Nahrungsstoffen. Die ersteren können dem *Pflanzen-* oder *Tierreich* entstammen. Bekanntlich gibt es Tiere, die nur tierische Nahrung aufnehmen. Man nennt diese *Fleischfresser* (*Karnivoren*). Wieder andere ernähren sich ausschließlich mit Produkten, die die Pflanzenwelt hervorbringt. Sie werden als *Pflanzenfresser* (*Herbivoren*) bezeichnet. Außerdem gibt es Tiere, die ihre Nahrung aus beiden Reichen beziehen.

Es sind dies die *Allesfresser* (*Omnivoren*). Jede Nahrungsart erfordert besondere Einrichtungen zu ihrem Ergreifen, zu ihrer mechanischen Zerkleinerung und schließlich zu allen jenen eingreifenden Veränderungen, die sich beim Prozeß der Verdauung im Verdauungsapparat vollziehen. Aus der Beschaffenheit des Gebisses können wir ohne weiteres ablesen, von welcher Art von Nahrung sich ein Tier ernährt hat. Wir kommen auf diese wichtigen Dinge noch eingehend zurück. Hier mag zunächst die Feststellung genügen, *daß wir ohne jeden Zweifel nach den gesamten Einrichtungen unseres Verdauungsapparates zu den Omnivoren gehören.*

Zunächst ist von besonderer Wichtigkeit, hervorzuheben, daß die Nahrung tierischer und pflanzlicher Herkunft alle Nahrungsstoffe in sich birgt, die wir und der tierische Organismus zum Aufbau des Körpers und zur Bestreitung aller übrigen Funktionen notwendig haben. Bei der Aufzählung der einzelnen Nahrungsstoffe bedienen wir uns der Einteilung, die in der Chemie üblich ist. Wir unterscheiden *anorganische* und *organische Nahrungsstoffe.* Zu den ersteren gehören der *Sauerstoff*, das *Wasser* und *Mineralstoffe.* Die organischen Nahrungsstoffe umfassen: *Kohlehydrate*, *Fette* und *Eiweißstoffe.* Zu dieser Gruppe gehören ferner die *Vitamine* (auch *Ergänzungsstoffe* genannt). Es geht nicht ohne weiteres an, anzunehmen, daß mit der Aufzählung der genannten Typen von Nahrungsstoffen für sämtliche Tierarten alle jene Stoffe umfaßt sind, die für eine vollwertige Nahrung in Frage kommen. Die Erfahrung hat nämlich gezeigt, daß ganz erhebliche Unterschiede in den synthetischen Fähigkeiten der einzelnen Organismen des Tierreiches vorhanden sind. Es hat sich dies insbesondere beim Studium der Frage nach der Notwendigkeit der Zufuhr von bestimmten Vitaminen mit der Nahrung herausgestellt. Manche Tierart bildet dieses oder jenes Vitamin selbst, wieder anderen ist diese Fähigkeit versagt. Es ist sehr gut möglich, daß bei Erweiterung unserer Kenntnisse der für die Ernährung der verschiedenartigen Tierarten erforderlichen Nahrungsstoffe noch manche Besonderheit zutage tritt. So ist es z. B. denkbar, daß sehr wichtige Stoffe unseres Organismus, wie *Phosphatide, Sterine* usw., die zur Gruppe der *Lipoide* gehören — einer Stoffgruppe, deren Zugehörige in Wasser unlöslich, dagegen in manchen organischen Lösungsmitteln löslich sind —, nicht allgemein jenseits der Darmwand gebildet werden können. Ist das nicht der Fall, dann gehören derartige Stoffe zu den unentbehrlichen Nahrungsstoffen.

1. Die anorganischen Nahrungsstoffe.

Über die *anorganischen Nahrungsstoffe* ist folgendes zu berichten. Jedermann weiß, daß wir ohne *Sauerstoff* nicht leben können. Kaum ist die Sauerstoffzufuhr abgesperrt, so tritt Bewußtlosigkeit ein. Daraus schließen wir, daß das Gewebe des Zentralnervensystems ganz besonders empfindlich gegen Sauerstoffmangel ist. In Bälde erfolgt der Tod, wenn nicht Sauerstoffzufuhr erfolgt. Der Sauerstoff nimmt in vieler Hinsicht unter den Nahrungsstoffen eine Sonderstellung ein. Einmal steht er unter normalen Verhältnissen stets in ausreichender Menge kostenlos zur Verfügung! Er wird gasförmig aufgenommen. Für seine Aufnahme ist ein besonderes Organsystem vorhanden, und ein besonderer Mechanismus steht im Dienste seines Transportes zu den Geweben und zu jeder einzelnen Zelle in diesen. Bei uns sind es die Atemwege mit anschließender Lunge, die den Übergang des Sauerstoffs in das Blut vermitteln. Unser Herz wirft mit jedem Herzschlag verbrauchtes (venöses) Blut, das aus den Geweben des Körpers zu diesem zurückgekehrt ist, in die beiden Lungen. Eine große Arterie splittert sich in diesen in unendlich viele feinste sog. Haargefäße auf. Das bedeutet, daß das Blut auf eine sehr große Oberfläche ausgebreitet wird. Nur durch eine ganz feine Wand ist dieses Blut von jener Luft getrennt, die sich in den sog. Lungenbläschen befindet. Durch diese hindurch findet nun ein Gasaustausch statt. Er erfolgt nach den Gesetzen des Partialdruckes. Jedes Gas richtet sich bekanntlich bei seinem Wandern nach den Druckverhältnissen desselben Gases. In der Luft der Lungenbläschen (Alveolen) herrscht in Hinsicht auf den Sauerstoff ein Überdruck. Infolgedessen wandert er durch die Wand derselben und die sehr dünne Wand der Blutkapillaren (Haargefäße) in das Blut ein. In kürzester Zeit wäre ein Druckausgleich vollzogen, wenn nicht ein überaus wirksamer Mechanismus eingreifen würde. Es ist dies die Verankerung von Sauerstoff an den in den roten Blutkörperchen befindlichen Blutfarbstoff, *Hämoglobin* genannt. Er kann Sauerstoff locker chemisch binden. Dieser gebundene Sauerstoff hat keinen Einfluß mehr auf den Sauerstoffdruck im Blute. So entsteht fortlaufend ein neues Gefälle für dieses Gas.

Der bei weitem größte Teil des Sauerstoffs wird in Gestalt von *Oxyhämoglobin* (so heißt der mit Sauerstoff beladene Blutfarbstoff) von den Lungen zu den gesamten Körperzellen transportiert. Der Anteil an ihm, der im Blutplasma (der Blutflüssigkeit) gelöst bleibt, bedingt allein den Sauerstoffdruck. Es sei gleich hier erwähnt, daß im Blutkapillargebiet der Organe wiederum Gasaustausch einsetzt. Es ist Sauerstoff in deren Zellen verbraucht worden. Daher ist in ihnen der Sauerstoffdruck gering. Das ist der Grund, weshalb nunmehr Sauerstoff aus dem Blut in die Gewebe hineindiffundiert. Dadurch, daß fortlaufend Oxyhämoglobin in Hämoglobin und Sauerstoff zerfällt, wird immer wieder das Sauerstoffgefälle vom Blutplasma zum Gewebe hin unterhalten. Es kehrt dann zum Herzen Blut zurück, das infolge seines Gehaltes an Hämoglobin dunkel aussieht (venöses Blut) — im Gegensatz zu dem von den Lungen zum Herzen fließenden hellroten, Oxyhämoglobin enthaltenden Blut. Dieses wirft das mit Sauerstoff versorgte Blut in das große Hauptgefäß (Aorta), das sich mehr und mehr nach den einzelnen Organen verzweigt.

Auch die *Kohlensäure* wird zum Teil im Blut gebunden. Nur dadurch ist es möglich, einer Kohlensäurestauung in den Geweben entgegenzuarbeiten. Die im Zellstoffwechsel entstehende Kohlensäure strömt in den Geweben an den gleichen Orten in das Blut hinein, an denen Sauerstoff dieses verläßt. Auch bei ihr erfolgt das Wandern nach den Gesetzen der Gasdiffusion. In den Geweben ist der Kohlensäuredruck größer als der im Blutplasma herrschende. Daher wandert die Kohlensäure von jenen in dieses hinein. Durch chemische Bindung, insbesondere an Natrium, wird das Gefälle immer wieder erneuert. In den Lungen findet der umgekehrte Wanderungsweg der Kohlensäure statt. Dem venösen, an Kohlensäure reichen Blut steht die kohlensäurearme Luft in den Alveolen der Lungen gegenüber. Daher wandert sie aus dem Blutplasma in die Alveolarluft. Dabei kommt es, in mehrfacher Weise gesichert, zu einem Freiwerden von gebundener Kohlensäure und damit zu einer Aufrechterhaltung des Kohlensäuredruckgefälles in der Richtung Blutplasma → Luft der Alveolen.

Nun verstehen wir ohne weiteres, *weshalb der Blutfarbstoffgehalt des Blutes* — enthalten in den roten Blutkörperchen — *von so grundlegend großer Bedeutung ist.* Er ist unter normalen Verhältnissen ausreichend, um die Sauerstoffversorgung des Körpers sicherzustellen. Schon ein gar nicht allzu großer Blutverlust kann in dieser Hinsicht Störungen auslösen. Ein noch größerer Blutverlust (etwa ein Drittel der gesamten Menge) ist mit der Weiterführung der Zellfunktionen nicht vereinbar. Wird rasch zugegriffen, so ist Rettung möglich (Zufuhr von Wärme von außen, weil infolge des Absinkens des Stoffwechsels die Körpertemperatur zu fallen beginnt, Bluttransfusion — Auswahl von Blutspendern der gleichen Blutgruppe!).

Damit der Gasaustausch in den Lungen ausreichend erfolgen kann, müssen sie einen beständigen Luftwechsel haben. Wir atmen ein und aus. Nie wird dabei der Luftgehalt der Lungen völlig gewechselt. Es fällt uns auf, daß sich die Atmung Tag und Nacht in bestimmtem Rhythmus vollzieht. Wir können sie zwar willkürlich beeinflussen — sie rascher oder langsamer gestalten, sie anhalten, jedoch nur kurze Zeit. Wir müssen weiteratmen, ob wir wollen oder nicht! Welcher Mechanismus gewährleistet den Luftwechsel in den Lungen, bei dem sauerstoffhaltige Luft aufgenommen und kohlensäurereiche abgegeben (ausgeatmet) wird? Es ist dies ein sog. *automatisches, nervöses Zentrum im verlängerten Mark* (Übergang vom Gehirn zum Rückenmark). Hier befindet sich ein *Atemzentrum,* das in feinster Weise auf einen bestimmten Kohlensäuregehalt des Blutes eingestellt ist. Steigt er bis zu einer gewissen Höhe an, dann wird dieses Zentrum gereizt. Es sendet Erregungen aus, die bewirken, daß es zur Bewegung der Einatmung und anschließend zur Ausatmung kommt. Hierbei wird, wie oben geschildert, der Kohlensäuregehalt des Blutes vermindert und derjenige an Sauerstoff erhöht. Infolgedessen ist kein Anlaß mehr zur Erregung des Atemzentrums vorhanden. Nunmehr steigt der Kohlensäuregehalt des Blutes wieder durch Hineindiffundieren aus den Geweben an. Schließlich wird wieder jener Gehalt an ihr im Blutplasma erreicht, der imstande ist, das Atemzentrum in Tätigkeit zu setzen.

Dieser ganze Mechanismus zur Unterhaltung des Gasaustausches — direkt in den Lungen und indirekt in den Geweben — gibt in besonders reichem Ausmaße Gelegenheit, zu erkennen, in wie feiner Weise sich unser Körper innerhalb gewisser Grenzen an die an ihn gestellten Anforderungen anpaßt. Wir brauchen nur ein paar Kniebeugen zu machen, und schon verändert sich die Atmung. Die Zahl der Atemzüge steigt an, und zugleich atmen wir tiefer. *Nun ist die ganze Atemtätigkeit unmittelbar mit dem Blutkreislauf gekoppelt!* Bei jeder Einatmung erweitert sich der Raum des Brustkorbes. Aus bestimmten Gründen tritt Saugwirkung auf seinen gesamten Inhalt auf. Unter anderem wird Blut nach dem Herzen zurückgesaugt (und zwar das venöse, aus dem Körper nach dem Herzen zurückkehrende). Je tiefer wir ein- und ausatmen, um so stärker wirkt sich die Atmung auf den Blutumlauf aus. So sehen wir, daß mit gesteigerter Atemtätigkeit bei körperlicher Anstrengung auch der Puls rascher wird — ein Zeichen einer Anpassung der Herztätigkeit an vermehrte Ansprüche an Nahrungsstoffzufuhr und insbesondere auch an Sauerstoff in jenen Geweben, die vermehrte Leistungen vollführen — es sind dies die Muskelzellen. Zugleich werden diese an sich vermehrt mit Blut versorgt durch Erweiterung der Gefäßbahn und Öffnung von ungezählten Haargefäßen, die beim ruhenden Muskel stillgelegt sind. Überall herrscht höchste Ökonomie in der Verwendung von Stoff und Energie in unserem Körper!

Betrachten wir nunmehr das *Wasser!* Welch hohe Bedeutung dieser Nahrungsstoff für unseren Organismus hat, geht daraus hervor, daß ein Verlust an ihm von etwa 10% schon zu Störungen führt, und ein solcher von 20% des gesamten Wassergehaltes unseres Körpers mit dem Leben unverträglich ist. Während es nicht besonders quälend ist, zu hungern, bereitet der Durst größte Qualen. Der Wassergehalt der einzelnen Gewebe ist je nach ihrer Art sehr verschieden. Den geringsten Wassergehalt weist der Zahnschmelz (0,2%) auf, den größten der Glaskörper unseres Auges (99%). Die meisten unserer Gewebe bestehen aus etwa 70—80% Wasser. Von großem Interesse ist, daß die Gewebe während des Wachstums am wasserreichsten sind, am wasserärmsten beim Eintritt des Vorganges des Alterns. Das Wasser erfüllt in unserem Organismus viele Funktionen. Es ist zunächst einmal Lösungs- und damit Transportmittel! In ihm gelöst werden im Blute und in der Lymphe den Geweben Nahrungsstoffe zugeführt und Stoffwechselzwischenprodukte jenen Gebilden übergeben, die sie benötigen. Endlich werden Stoffwechselendprodukte jenen Geweben zur Verfügung gestellt, die ihre Ausscheidung besorgen. Das Wasser ist nur zum kleinen Teil sog. *freies* Wasser, zum weitaus größten Teil ist es in kolloiden Teilchen als sog. *Quellungswasser* enthalten. Es ist Aufwand von Energie notwendig, um dieses aus jenen zu entfernen.

Das Wasser gibt dem gesamten Milieu der Zellen ihr Gepräge. Die in ihm enthaltenen Stoffe befinden sich in einem ganz bestimmten Zustand. Neben echt gelösten sind im kolloiden Zustand befindliche vorhanden. Das spezielle Verhalten aller dieser Stoffe und ihre Eigenschaften sind ganz wesentlich von ihrem Lösungsmittel bestimmt. Wir vermögen zur Zeit uns noch kein eindeutiges Bild über die Wechselbeziehungen der einzelnen Zellinhaltsstoffe zueinander zu machen. Wir wissen nur das eine, nämlich, daß sie von entscheidender Bedeutung für das Zellgeschehen sind. Wir haben in der Zelle nicht Wasser neben Mineralstoffen, Kohlehydraten, Eiweißstoffen, Fetten usw., vielmehr bedingt jeder einzelne Stoff im gegebenen Milieu — in feinster Weise einregulierter osmotischer Druck, bestimmte, nur in engen Grenzen schwankende Reaktion usw. — gemeinsam mit allen übrigen zusammen den Gesamtzustand dessen, was wir das Protoplasma der Zelle nennen mit Einschluß ihres Kernes. In diesen minimalen Laboratorien vollziehen sich alle jene so mannigfaltigen Umsetzungen, die den Zellstoffwechsel ausmachen. Bei diesen spielt wiederum das Wasser eine entscheidende Rolle. Es tritt beim Abbau zusammengesetzter Stoffe in die sich bildenden Abbaustufen ein. Umgekehrt wird es abgespalten, wenn sich Baustein an Baustein zur Bildung höhermolekularer Stoffe fügt. So ist das Wasser in stetem Kreislauf innerhalb der Zellen begriffen. Bald ist es als solches vorhanden, bald Baustein von mannigfaltigen Verbindungen.

Wasser finden wir in allen Abscheidungen des Körpers. Die Verdauungssekrete sind wasserhaltig, die Niere gibt ferner eine wässerige Salzlösung ab, in der Stoffwechselendprodukte den Körper verlassen. Es ist klar, daß dieses abgegebene Wasser fortlaufend ersetzt werden muß. Wir verlieren solches auch mit den Fäzes und mit der Ausatmungsluft, denn es wird die zumeist nicht mit Wasserdampf gesättigte Einatmungsluft mit solchem gesättigt ausgeatmet.

Im Wasser besitzt unser Organismus nun noch den mächtigsten Faktor zur raschen Entäußerung großer Wärmemengen! Sobald infolge großer körperlicher Arbeitsleistung oder hoher Außentemperatur unsere Körpertemperatur anzusteigen droht, beginnen die Schweißdrüsen unserer Haut zu arbeiten. Sie geben in feiner Anpassung an die gegebenen Bedingungen mehr oder weniger große Mengen Wasser ab. Damit ist für die Wärmeregulation zunächst noch nichts erreicht, es muß vielmehr die Wasserverdunstung einsetzen. Mit ihr kommt es zur Wärmebindung (1 kg Wasser bindet bei seiner Verdunstung etwa 600 Kilogrammkalorien!).

Es versteht sich von selbst, daß der gesamte Wasserwechsel des Organismus unter Kontrolle steht. Es sind nervöse Zentren und Organe, die Sendboten (Hormone, Inkrete) aussenden, die diesen beherrschen. Wir nehmen Wasser in den Nahrungsmitteln auf und bilden solches beim völligen Abbau sämtlicher organischer Nahrungsstoffe — sie liefern alle als Stoffwechselendprodukte Wasser und Kohlensäure. Neben dem in Nahrungsmitteln enthaltenen Wasser nehmen wir je nach Bedarf noch solches in Getränken aller Art unmittelbar auf.

Nun verbleibt uns noch die Besprechung jener *Mineralstoffe*, die Nahrungsstoffe darstellen. Ihre Funktion ist eine mannigfaltige. Energie erhalten wir mit ihnen nicht. Sie sind besonders wichtige Zellinhalts- und Baustoffe. Keine Zelle ohne Mineralstoffe! Manche Gewebe bestehen in der Hauptsache aus solchen — Knochengewebe und jene Gewebsarten, die den Zahn bilden. Es ist insbesondere *phosphorsaurer Kalk* in bestimmter Form, der jenen Gebilden ihre Festigkeit gibt. Die Mineralstoffe sind jedoch nicht nur Baustoffe — wäre das der Fall, dann wäre der Bedarf an ihnen nur so lange groß, als Wachstum stattfindet! —, vielmehr erfüllen sie in den Körperflüssigkeiten, den Zellen und den Ausscheidungen weitere wichtige Funktionen. Sie erteilen den Lösungen, in denen sie enthalten sind, bestimmte Eigenschaften. Es sei gleich hier vorweggenommen, daß sich in unserem Blutplasma Chlornatrium, Chlorkalium und Chlorkalzium in einem Mengenverhältnis zueinander finden, wie wir es annähernd auch im Meerwasser antreffen. Bei dem Bestreben, aus dem Körper entfernte Organe möglichst lange überlebend zu erhalten und bei Blutverlusten Ersatz zu leisten, stellte es sich heraus, daß ein einzelnes Salz, in Wasser gelöst, in der Regel außerstande ist, die erwähnten Aufgaben zu erfüllen. In der Folge ahmte man bei der Herstellung von sog. *Nährlösungen* für Zellen und Gewebe und bei der Gewinnung von Salzlösungen zum Ersatz von Blut die Zusammensetzung des Blutplasmas an Salzen nach und hatte nunmehr einen besseren Erfolg.

Die in Lösung befindlichen Salze bzw. die aus ihnen hervorgehenden Ionen erfüllen physikalische Funktionen. Sie sind ganz wesentlich bei der Ausbildung des sog. *osmotischen Druckes* von Zellen und Geweben beteiligt.

Darüber hinaus kommt jedem einzelnen Salz und jedem einzelnen Ion eine ganz bestimmte physiologische Wirkung zu. Um nur eines zu erwähnen: der Wassergehalt der Haut (auch anderer Gebilde!) wird von Natrium- und Kaliumionen in ganz verschiedener Weise beeinflußt. Wir können durch Einschränkung der Kochsalzzufuhr (Natriumchlorid) die Haut wasserärmer machen. Umgekehrt wird sie bei Überwiegen der Natriumionwirkung reicher an Wasser. Wir wissen ferner, daß manche Ionen, wie z. B. das Kalziumion, bestimmte Einflüsse auf die Erregbarkeit des Protoplasmas haben. Manche Ionenarten steigern sie, andere wirken hemmend.

Nach diesen Vorbemerkungen müssen wir uns nunmehr der schwierigen Aufgabe zuwenden, anzugeben, *welche Mineralstoffe Nahrungsstoffe sind.* Auf den ersten Blick erscheint es leicht, diese zu nennen, man braucht ja nur die Nahrung zu analysieren oder einen ganzen Organismus zu veraschen und festzustellen, welche Mineralstoffe in der verbleibenden Asche anzutreffen sind. Nun ist jedoch noch lange nicht gesagt, daß ein in unserem Körper vorhandener Stoff für diesen wertvoll ist. Es kann sehr wohl sein, daß wir mit der Nahrung Stoffe aufnehmen, die unseren Körper passieren, ohne in ihm eine Aufgabe erfüllt zu haben. Es ist durchaus denkbar, daß ein Element in bestimmten Pflanzen oder auch Tieren eine bedeutsame Rolle spielt, während es für uns keine besondere Bedeutung hat. Nehmen wir Anteile jener Organismen, die dieses enthalten, auf, dann erscheint es auch in unserem Organismus. Seit alters her wissen wir, daß die folgenden Vertreter der Mineralstoffe für uns Nahrungsstoffe sind: *Natrium, Kalium, Magnesium, Kalzium, Eisen, Chlor, Jod, Phosphor, Schwefel.* Eigentlich müßten wir an dieser Stelle auch den Sauerstoff nennen, ist er doch am Bau bestimmter Verbindungen beteiligt. So tritt z. B. der Phosphor gebunden an Sauerstoff als Phosphorsäure auf, und der Schwefel ist in der Schwefelsäure an Sauerstoff gebunden. Wir kennen ferner kohlensaure Salze, Karbonate genannt (z. B. Natriumkarbonat bzw. -bikarbonat). Der Sauerstoff ist ferner am Bau aller organischen Verbindungen in bestimmter Bindungsart beteiligt.

Im Laufe der Zeit hat man immer mehr erkannt, daß noch mancher andere Mineralstoff als Nahrungsstoff in Frage kommt. So bemerkte man, daß die Bildung des Blutes (und insbesondere diejenige des Eisen enthaltenden Blutfarbstoffes) an die Anwesenheit von *Kupfer* gebunden ist. Es sind davon nur geringe Mengen notwendig. Im Knochengewebe und auch in den Zähnen ist *Fluor* regelmäßiger Bestandteil. Ferner sind in unserem Organismus noch nachgewiesen: *Lithium, Zink, Mangan, Aluminium, Brom, Arsen, Silizium, Bor, Titan.* Einstweilen vermögen wir nicht auszusagen, welche Bedeutung diesen zumeist nur in Spuren nachweisbaren Elementen im Zellgeschehen zukommt.

Von den eingangs erwähnten Elementen können wir in aller Kürze folgendes berichten. *Eisen* ist nicht nur Baustein des Blutfarbstoffes, vielmehr findet es sich in jeder einzelnen Zelle und ist Bestandteil von Oxydationssystemen, d. h. Fermentkomplexen, die mit der Übertragung von Sauerstoff auf bestimmte Verbindungen zu tun haben. *Magnesium* ist in jeder Zelle und auch in den Körperflüssigkeiten enthalten. Es ist gewiß nicht ohne Bedeutung, daß seine Menge diejenige des *Kalziums* im Protoplasma und im Kern der Zellen übertrifft. Unter anderem ist bekanntgeworden, daß es Anteil an einem Fermentsystem hat, das beim Abbau von Zucker eine Rolle spielt. Als Ion kommt ihm die Eigenschaft zu, die Quellung von Kolloiden (z. B. Eiweißteilchen) zu fördern, während umgekehrt Ca-Ion entquellend wirkt.

Bei den Alkalien *Natrium* und *Kalium* ist zu erwähnen, daß sie in verschiedener Weise auf die Zellen und Körperflüssigkeiten verteilt sind. Kalium überwiegt in den ersteren, Natrium in den letzteren. Wir erwähnten bereits, daß Natrium- und Kaliumion einen bedeutsamen Einfluß auf die Wasserbewegung im Organismus haben, und zwar dadurch, daß Natriumion wasserbindend, d. h. quellungsfördernd, und Kaliumion entquellend wirkt. Beide Ionen finden sich in einem Mengenverhältnis vor, das durch das ganze Leben hindurch unter normalen Verhältnissen nur wenig schwankt. Hier sei angefügt, daß *auch der Mineralstoffwechsel genau so wie derjenige des Wassers gesteuert ist.* Es sind nervöse Zentren, die regelnd eingreifen, aber auch Sendboten wirken mit. Wir besitzen in der Nähe der Schilddrüse ganz kleine Organe (etwa erbsengroß), *Epithelkörperchen, Glandulae parathyreoideae* genannt, die den Kalziumgehalt des Blutes steuern. Versagen sie in ihrer Funktion, dann ändert sich dieser. Ist ihre Tätigkeit erhöht, dann erscheint zuviel Kalzium im Blut. Umgekehrt fällt der Kalziumgehalt, wenn die Epithelkörperchen in ihrer Funktion gestört sind. In der Nähe der Nieren liegen ferner außerordentlich wichtige Doppelorgane, nämlich die *Nebennieren*. In ihnen vereinigen sich zwei Gewebe entwicklungsgeschichtlich ganz verschiedener Herkunft. Man spricht von einer *Nebennierenrinde* und einem *Nebennierenmark*. Funktioniert die erstere nicht normal, dann fällt der Natriumgehalt des Blutes stark ab. Es ist dann das Kalium im Übergewicht. Schwere Störungen sind die Folge dieser Verschiebung des Verhältnisses von Natrium- zu Kaliumion. Wir erkennen an solchen Folgen am besten, welch gewaltige Bedeutung die Steuerung eines bestimmten Na:K-Verhältnisses für das Zelleben hat.

Bei der Nennung von Natrium erinnern wir uns sofort der interessanten Tatsache, daß wir neben unserer gewöhnlichen Nahrung *Kochsalz* aufnehmen. Es ist dies an sich überraschend. Kein anderes anorganisches Salz nehmen wir sonst extra auf, d. h. wir erhalten alle Mineralstoffe bei naturgemäßer Ernährungsweise in genügenden Mengen mit der Nahrung zugeführt. Man könnte an eine Gewohnheit denken. Die Erfahrung zeigt jedoch, daß beim Weglassen der Kochsalzzugabe zur Nahrung der sog. *Kochsalzhunger* auftritt. Er tritt insbesondere dann in Erscheinung, wenn wir Pflanzenkost aufnehmen. Der geniale Physiologe G. VON BUNGE hat beim Studium der Kochsalzfrage festgestellt, daß der Kochsalzbedarf immer dann, wenn der Mensch sich im wesentlichen mit Fleisch ernährt, sinkt, während er erheblich ansteigt, wenn die aufgenommene Nahrung dem Pflanzenreich entstammt. Wir kennen auch keine Fleischfresser, die irgendwelche Gier nach Kochsalz zeigen, während unter den Pflanzenfressern manche sind, für die dieses ein Leckerbissen ist (Rinder, Ziegen, Rehe usw.). Interessanterweise sind jedoch nicht alle Herbivoren kochsalzgierig! BUNGE vertrat die Meinung, daß der Kochsalzhunger in irgendeiner Beziehung zu dem hohen Kaliumgehalt der Pflanzennahrung steht. Es gibt nur ganz wenige Pflanzenarten (Salsolazeen, Chenopodiumarten usw.), die mehr Natrium als Kalium enthalten. Es ist gewiß nicht ohne Interesse, daß Völker, die im Inneren von Afrika leben, und die in früheren Zeiten kein Kochsalz erhalten konnten, ausgerechnet Vertreter der genannten Pflanzengattungen ausfindig gemacht haben, um durch deren Veraschung sich „Salz" zu beschaffen. Freilich, nicht alle Volksstämme waren so findig! Manche veraschten Kamelmist u. dgl. und erzeugten sich auf diese Weise Speisesalz! Es verfehlt seinen Zweck, weil es arm an Kochsalz, dagegen reich an Kalium ist. Wie wertvoll den Völkern Zentralafrikas das Kochsalz ist, geht schon daraus hervor, daß es einen ganz besonders wichtigen Handels- und Tauschartikel darstellt. In vielen Fällen bildet Kochsalz heute noch einen erheblichen Teil des Arbeitslohnes. Es ist sehr schwierig, bestimmte Angaben über die Kochsalzmenge zu machen, die täglich aufgenommen werden muß, um gerade auszureichen. Wir kommen hierauf noch zurück. Hier wollen wir uns nur merken, daß es an sich falsch ist nach einem bestimmten Bedarf an Kochsalz zu fragen. Wir haben ja eben erfahren, daß dieser je nach dem Vorwiegen von Fleisch- oder Pflanzenkost ein ganz verschiedener ist.

Wir haben bei der Nennung des Kochsalzes neben Natrium auch das *Chlor* erwähnt. Es ist von der allergrößten Bedeutung für unseren Organismus. Wir wissen schon lange, daß der *Magensaft* (das von bestimmten Drüsen der Magenwand abgegebene Sekret) *Salzsäure* enthält. Die in Frage kommenden Zellen beziehen die Anteile dieser starken Säure aus dem Blut. Sie ist für die Verdauung der Eiweißkörper durch ein bestimmtes Ferment, genannt *Pepsin*, unentbehrlich. Dazu kommt noch eine *Schutzwirkung*. Wir erkennen diese sofort, sobald bei krankhaften Vorgängen die Salzsäureabgabe eingeschränkt ist. Nunmehr können sich niedere Lebewesen — Hefearten, Mikroorganismen aller Art — entwickeln. Es vollziehen sich verschiedenartige Gärungsprozesse innerhalb des Magens, die bei Anwesenheit eines normal zusammengesetzten Magensaftes gar nicht aufkommen können. Nun verschlucken wir mit der Nahrung zusammen mit dem Speichel stets Mikroorganismen u. dgl. Es kommt zu keinen Störungen, solange die Drüsen der Magenwand normal arbeiten.

Von ganz besonderem Interesse ist auch das *Jod*. Es findet sich in verschiedenen Geweben. Besonders hoch ist sein Gehalt in der *Schilddrüse*. Diese bildet Sendboten, die jodhaltig sind. Wir wissen jetzt, daß das eine davon, das sog. *Thyroxin*, großen Einfluß auf die Stoffwechsellage der Zellen hat. Es erhöht den Zellstoffwechsel. Unter normalen Verhältnissen greifen sehr komplizierte Mechanismen ein, um den Gesamtstoffwechsel in jedem Augenblick in all seiner Mannigfaltigkeit in bestimmten Grenzen zu halten. Es darf weder zuwenig, noch zuviel Energie gebildet werden — es wäre sonst ganz unmöglich, die Körpertemperatur dauernd auf einer bestimmten Höhe zu halten. Die Schilddrüse springt mit ihrem Hormon Thyroxin nur ein, wenn es erforderlich ist. Auch hier hat die Natur von sich aus Experimente angestellt! Es gibt Menschen, bei denen das genannte Organ in seiner Funktion abgeschwächt ist, ja sie kann ganz ausfallen. Wir haben dann alle Abstufungen von leichteren bis sehr schweren Störungen vor uns. Versagt dieses wichtige Organ von Geburt an, dann bleibt das Wachstum zurück. Die Haut zeigt insbesondere im Gesicht eine charakteristische, an dicken Falten reiche, derbe Struktur. Vor allem fällt ferner die weitgehende Verblödung dieser, *Kretins* genannten Individuen auf. Der Stoffwechsel verläuft verlangsamt. Die Körpertemperatur liegt unter der normalen. Ganz anders ist das Bild bei einer übersteigerten Funktion der Schilddrüse. Sauerstoffverbrauch und Kohlensäurebildung sind gesteigert. Die betreffenden Individuen sind lebhaft. Diese Art von Störung ist unter dem Namen der *Glotzaugenkrankheit* bekannt (auch nach dem Entdecker der Hauptsymptome derselben, dem Merseburger Arzt BASEDOW, *Basedowsche Krankheit* genannt).

In bestimmten Gegenden der ganzen Welt ist der Kretinismus endemisch. Schon seit alters her sann man darüber nach, wie man seiner Herr werden könnte. Noch mehr regte zu Studien mit dem Endziel der Hilfeleistung jener Zustand an, der im Volke als *Kropf* bekannt ist. Es gibt Kropfgegenden. Abgesehen davon, daß dieser einen Schönheitsfehler darstellt, verursacht er unter Umständen Behinderung der Atmung. Man hat ihn zunächst mit größtem Erfolg operativ entfernt, jedoch zeigten sich dann zum großen Schrecken der Ärzte in der Folge schwere Störungen, wie Veränderungen der Haut, Haarausfall und insbesondere Verlust an geistigen Fähigkeiten. Zu spät für diese Individuen erkannte man, daß die Schilddrüse bedeutsame Aufgaben in unserem Organismus zu erfüllen hat. Leider hatte man schon vorliegende Beobachtungen an Tieren, denen man dieses Organ weggenommen hatte, nicht ernst genug genommen. Nun wußte man, daß man zwar einen großen Teil des Kropfes entfernen darf, jedoch muß ein Rest der Schilddrüse unbedingt erhalten bleiben.

Es entstand die Frage, *ob man nicht das Entstehen des Kropfes verhüten kann.* Wegleitend war der Gedanke, daß die Schilddrüse jodhaltige Stoffe hervorbringt. Dazu kam die Erkenntnis, daß der Kropf in Gegenden, die in der Nähe des Meeres liegen, in der Regel nicht vorkommt. Es hat der Binnenlandbewohner an sich, ohne daß er einen eigentlichen Kropf besitzt, eine Schilddrüse, die größer ist und eine andere Struktur aufweist als diejenige von Menschen, die z. B. in Kiel usw. leben.

Nun ist die Meeresfauna besonders reich an Jod. Dadurch bedingt, enthält wiederum der Boden in der Nähe des Meeres mehr Jod als derjenige des Binnenlandes. Dem entspricht wiederum ein verschiedener Jodgehalt der Pflanzenwelt in den verschiedenen Gegenden. Davon hängt nun wieder der Jodgehalt der Tiere ab. Wir haben einen fortgesetzt sich vollziehenden *Kreislauf des Jods* vor uns. Jod verdunstet bekanntlich leicht. Es geht aus dem Meerwasser, ferner bei der Verwesung von Meeresfauna am Meeresstrand, bei der Verwitterung von Gesteinen, die einst Meeresgrund waren, usw. in die Luft über, um dann mit Niederschlägen wieder zur Erde niederzufallen und den Kreislauf erneut anzutreten. In Bächen, Flüssen strömt Jod fortgesetzt wieder dem Meere zu. In diesem Zusammenhang verdient hervorgehoben zu werden, daß schon längst, ehe man die Funktion der Schilddrüse und die von ihr hervorgebrachten jodhaltigen Sendboten kannte und überhaupt wußte, daß Jodmangel Einfluß auf die Kropfbildung haben könnte, zu dessen Bekämpfung Asche von Schwämmen (Badeschwamm), die jodhaltig ist, verwandt wurde! In den letzten Jahren ist Jod in bestimmter Form dem Kochsalz zugefügt worden, um auf diesem Wege in Gegenden, in denen der Kropf vorkommt, vorbeugend zu wirken. Die Ergebnisse dieser Bemühungen lauten günstig. Sicher ist jedoch, daß nicht Jodmangel allein bei der Entstehung des Kropfes in Frage kommt.

Vom *Kalzium* haben wir schon erfahren, daß es mit *Phosphorsäure* zusammen hervorragend bei der Knochen-

und Zahnbildung beteiligt ist. Dem in bestimmter Form vorhandenen *Kalziumphosphat* verdanken diese Gebilde ihre Festigkeit und damit die Möglichkeit der Erfüllung bestimmter mechanischer Funktionen. Knochen- und Zahngewebe sind lebende Gebilde! Sie werden fortgesetzt ernährt und sind dem allgemeinen Stoffwechsel angeschlossen. Selbst der Knochen des ausgewachsenen Menschen ist nie ganz in Ruhe. Er kann bei Bedarf für andere Gewebe Kalzium und Phosphorsäure abgeben. Kalzium und Phosphorsäure finden sich auch in Zellen anderer Gewebe. In der letzten Zeit hat man mehr und mehr erkannt, daß der letzteren mannigfaltige, sehr wichtige Funktionen zukommen. *Sie ist Baustein einer ganzen Reihe von organisch-anorganischen Verbindungen.* Zumeist handelt es sich um sog. *Ester,* d. h. es verbindet sich die Phosphorsäure mit einer Alkoholgruppe unter Austritt von Wasser. In dieser Form ist sie in fettartige Verbindungen eingebaut. Sie sind wegen ihres Gehaltes an ihr *Phosphatide* genannt worden. Es spielt ferner die Phosphorsäure bei der Aufnahme von Zucker durch die Darmwand eine Rolle, und zwar insbesondere bei derjenigen des Traubenzuckers. Er wird in jener mit Phosphorsäure verestert. Um die Bedeutung dieses Vorganges zu verstehen, sei kurz gestreift, daß bei der Wanderung von gelösten Stoffen die Gesetze der Diffusion maßgebend sind. Dabei gilt, genau so wie bei den Gasen, das Gesetz des Partialdruckes. Der Traubenzucker wird innerhalb der Darmhöhle bei der Verdauung von zusammengesetzten

Kohlehydraten gebildet. Er ist zunächst im Speisebrei des Darmes in einer höheren Konzentration vorhanden als in der Darmwand. Sehr rasch käme ein Ausgleich zustande, wenn nicht durch Bindung an Phosphorsäure der „Traubenzuckerdruck" innerhalb der Darmwand gesenkt und dadurch das Traubenzuckergefälle vom Darminhalt zu dieser aufrechterhalten bliebe. Dazu kommt dann noch unterstützend der Abtransport von Zucker mit dem Blut. Noch an anderen Stellen findet eine Kombination von Zucker mit Phosphorsäure statt. Wir wissen, daß die Zerlegung von Kohlehydrat bei der Muskelarbeit mit der Bildung eines Phosphorsäureesters beginnt. Wenn wir Muskelarbeit leisten, dann gehen stufenweise Abbauprozesse vor sich, in deren Verlauf die zu deren Leistung erforderliche Energie in Freiheit gesetzt wird. Dabei wandert Phosphorsäure von einer Verbindung zur anderen. Es sind phosphorsäurehaltige Verbindungen zur Stelle, die wir auch in jenen Stoffen antreffen, die die Kernsubstanz der Zellen bilden. Auch diese ist reich an Phosphorsäure. Kurz andeuten wollen wir noch, daß auch bestimmte Vitamine mit Phosphorsäure kombiniert in Funktion treten. Diese Andeutungen mögen genügen, um zu zeigen, welch wichtige Funktionen der Phosphorsäure in unseren Geweben zukommen.

Von der *Schwefelsäure* sei erwähnt, daß sie in gewissem Sinne als Schutzstoff wirksam werden kann. Es ereignet sich häufig, daß bei Anwesenheit bestimmter Bausteine des Eiweißes im Darminhalt Anteile der

Darmflora aus ihnen Verbindungen hervorgehen lassen, die Schaden anrichten können, wenn sie den Körper durchwandern. Nun gelangen alle von der Darmwand aus aufgenommenen Stoffe, soweit sie mit dem Blute abtransportiert werden, zunächst in die Leber. Diese hat ungewöhnlich viel auszuhalten! Sie ist gewissermaßen den ganzen übrigen Organen vorgelagert. Das vom Darm kommende Blut wird in ihr durch Aufsplitterung der Blutgefäße in feinste Zweige auf eine ganz gewaltige Oberfläche ausgebreitet, dann wieder gesammelt und einem großen Blutgefäß zugeführt (Vena cava inferior), dem die Aufgabe zukommt, es dem Herzen zuzuleiten. Diese ganze Einrichtung dient dem Zweck, die vom Darm dem Blut übergebenen Stoffe zu kontrollieren und zum Teil zu verwandeln. Unter anderem fängt die Leber die obenerwähnten, im freien Zustand schädlich wirkenden Stoffe ab. Sie bindet sie u. a. an Schwefelsäure. Nun sind sie weitgehend entgiftet und erscheinen dann in diesem Zustand im Harn.

2. Die organischen Nahrungsstoffe.

Betrachten wir nunmehr die *organischen* Nahrungsstoffe! Mit ihnen führen wir unserem Organismus umgewandelte Sonnenenergie zu. Sie unterliegen im Stoffwechsel unserer Gewebe mannigfachen Umwandlungen, um schließlich unseren Körper in Gestalt bestimmter Stoffwechselendprodukte zu verlassen. Aus sämtlichen organischen Nahrungsstoffen der Gruppe der Kohlehydrate, der Fette und der Eiweißstoffe gehen Kohlensäure und Wasser hervor. Die beiden zuerst genannten liefern nur diese. Die Eiweißstoffe dagegen ergeben neben ihnen noch Produkte, die Stickstoff bzw. Schwefel enthalten. Bei uns ist das bei weitem überwiegende Endprodukt des Eiweißstoffwechsels, das Stickstoff enthält, der *Harnstoff*. Wir haben schon S. 6 hervorgehoben, daß Kohlehydrate und Fette, eben weil sie schließlich restlos in Kohlensäure und Wasser übergehen, in unserem Körper genau soviel Energie liefern, als die Pflanze an Sonnenenergie benötigte, um sie aufzubauen. Bei den Eiweißstoffen liegen die Verhältnisse deshalb anders, weil der Harnstoff Energie mit sich führt, d. h. wir können den Energiegehalt dieser Nahrungsstoffart nicht völlig ausschöpfen.

Die anorganischen Nahrungsstoffe können in unseren Geweben mancherlei Wandlungen mitmachen. Sie werden z. B. in organische Stoffe eingebaut, mit ihnen verknüpft oder sonstwie mit ihnen in Kombination gebracht (Komplexbildungen u. dgl. m.), jedoch bleiben sie in ihrer Art unberührt. Bei den organischen Nahrungsstoffen liegen die Verhältnisse anders. Sie können ihren Strukturcharakter völlig verändern, ja es gehen bestimmte organische Verbindungen in solche anderer Art über. So entsteht in unserem Körper z. B. Fett aus Zucker. Dieser wiederum kann Bausteinen von Eiweißstoffen entstammen.

Wir können die organischen Nahrungsstoffe trotz der Verschiedenheit ihres Aufbaues und ihrer Zusammensetzung in vieler Hinsicht dennoch gemeinsam betrachten. Zunächst wäre zu sagen, daß sie in der Regel in unserer Nahrung in zusammengesetzter Form vorkommen, d. h. es sind in ihnen einfachere Verbindungen zusammengefügt. Man erhält diese aus ihnen durch Abbau unter Einlagerung von Wasser. Umgekehrt entstehen sie aus ihren Bausteinen unter Abspaltung von solchem. Wir besitzen in unserem Verdauungsapparat — angefangen von der Mundhöhle bis herab zum Dickdarm (dieser letztere hat mit Verdauungsvorgängen nichts mehr zu tun) — Einrichtungen, die bewirken, daß die hochmolekularen organischen Nahrungsstoffe der Nahrung in einfachere Verbindungen übergeführt werden. Es sind dies die schon S. 4 erwähnten Fermentsysteme. Sie sind in mehr oder weniger spezifischer Weise auf bestimmte Verbindungen eingestellt. So gibt es Fermente, die Kohlehydrate angreifen, andere sind auf Fette und wieder andere auf Eiweißstoffe und ihre zusammengesetzten Abbaustufen eingestellt.

Mit dem hochmolekularen Zustand der einzelnen organischen Nahrungsstoffe sind besondere physikalische Eigenschaften verknüpft. In klassischen Untersuchungen konnte gezeigt werden, daß sich bestimmte, in wässerigem Medium befindliche Zustandsformen mittels einer Pergamentmembran trennen lassen. Man füllt einen aus diesem Material bestehenden Schlauch z. B. mit Blutplasma und taucht ihn dann in destilliertes Wasser. Wir beobachten nach kurzer Zeit, daß manche in jenem vorhandene Stoffe in der Außenflüssigkeit (eben dem destillierten Wasser) erscheinen, während andere die

Schlauchwand nicht zu durchdringen vermögen. Stoffe der letzteren Art nennt man *Kolloide* und solche, für die die Pergamentmembran durchlässig ist, *Nichtkolloide*. Man spricht auch von einem kolloiden und einem nichtkolloiden Zustand. Beide Zustandsformen sind durch bestimmte Eigenschaften ausgezeichnet. Beim kolloiden Zustand fällt in erster Linie die Fähigkeit auf, mancherlei Stoffe an der Oberfläche zu konzentrieren oder aber auch durch Abstoßung zu verdünnen. Es machen sich *Oberflächenkräfte* geltend. Man spricht im ersteren Fall von einer *Adsorption*. Der kolloide Zustand zeigt eine große Mannigfaltigkeit, und zwar insofern, als die kolloiden Teilchen in ihrer Größe je nach den vorhandenen Milieubedingungen sehr wechselnd sind. Es können größere kolloide Teilchen in kleinere zerfallen, oder umgekehrt solche sich mit anderen zu größeren vereinigen. Es verändert sich dabei die Gesamtoberfläche der Teilchen ganz außerordentlich. Ein besonders lehrreiches Beispiel ist das Folgende. Wir geben in ein Reagensglas Wasser und fügen dazu Öl. Es schwimmt auf dem Wasser. Schütteln wir den Reagensglasinhalt energisch durch, dann zerschlagen wir den großen Fetttropfen in unendlich viele kleine. Man spricht von der Bildung einer *Emulsion*. Die Flüssigkeit erscheint milchig getrübt. Übrigens stellt die Milch auch eine solche Fettemulsion dar. Lassen wir die milchige Flüssigkeit in unserem Versuch stehen, dann bemerken wir, wie sich nach einiger Zeit wieder größere Tröpfchen und schließlich große Tropfen bilden. Sie steigen empor, und schließlich haben wir wieder den Ausgangszustand, nämlich Öl, das auf Wasser schwimmt. Wir nennen eine solche Emulsion eine unbeständige. In der Milch haben wir eine beständige vor uns. Die kolloiden Teilchen verdanken ihr Verhalten gegenüber anderen und auch gegenüber Ionen ihrer elektrischen Ladung.

Als man erkannt hatte, daß die organischen Nahrungsstoffe und auch manche anorganischen, sofern sie mit diesen kombiniert sind, im kolloiden Zustand in der Nahrung enthalten sind und sie in diesem die Darmwand nicht zu durchwandern vermögen, begann man über die Bedeutung jener Fermentvorgänge im Verdauungskanal nachzudenken, die man unter der Bezeichnung Verdauung zusammenfaßt. Man ahmte das im Darmkanal sich vollziehende Geschehen nach und brachte z. B. in einen Pergamentschlauch (tierische Membran!) Eiweißteilchen in Wasser suspendiert. Man überzeugte sich, daß bei dem Vorgang der *Dialyse*, wie man das Herausdiffundieren von Stoffen aus dem Schlauchinhalt in die Außenflüssigkeit bezeichnet, keine Eiweißteilchen in dieser erschienen. Gab man jedoch zu dem Inhalt des Schlauches Magen- oder Bauchspeicheldrüsensaft, dann traten in der Außenflüssigkeit Stoffe auf, die nach ihrer ganzen Zusammensetzung unzweifelhaft dem Eiweiß entstammten. Es waren somit aus diesem diffundierbare Produkte entstanden. Nun schien die Bedeutung des Verdauungsvorganges geklärt zu sein. Aus kolloiden Teilchen, die zur Aufnahme durch die Darmwand nicht geeignet sind, entstehen durch Fermentwirkung Abbaustufen, die echte Lösungen bilden und zu diffundieren vermögen.

Diese Vorstellung vom Wesen der Verdauung erwies sich in dem Momente als unzureichend, in dem die Aufklärung des feineren Baues der einzelnen organischen Nahrungsstoffe erfolgte. Ehe wir dieser Wandlung in der Auffassung der Bedeutung des Verdauungsvorganges für unsere Ernährung nachgehen, wollen wir zunächst einen Einblick in den Aufbau der organischen Nahrungsstoffe geben — absichtlich unter Vermeidung des Eingehens in Einzelheiten des Feinbaues der in Frage kommenden Verbindungen[1]. Seine Darstellung ist nämlich nur an Hand von Formelbildern möglich, die nur demjenigen etwas zu sagen vermögen, der tief in die Ergebnisse der chemischen Forschung eingedrungen ist. Wir werden versuchen, an Hand weniger chemischer Hinweise ein Bild der Struktureigenheiten der drei erwähnten Klassen von organischen Nahrungsstoffen zu entwerfen.

Beginnen wir mit den *Fetten!* Sie enthalten zweierlei Bausteine, nämlich einen *Alkohol* und *Fettsäuren.* In

---

[1] Ohne Kenntnis der Struktur der einzelnen Nahrungsstoffe und der aus ihnen im Verdauungskanal und im Zellstoffwechsel sich bildenden Produkte ist ein Verständnis für die sich vollziehenden Umwandlungen nicht möglich. Ein Eingehen auf diese Probleme setzt gründliche chemische Kenntnisse voraus. Wer tiefer in sie eindringen will, sei auf die Lehrbücher der physiologischen Chemie verwiesen, z. B. EMIL ABDERHALDEN: Lehrbuch der physiologischen Chemie. 6. Auflage. Berlin: Urban & Schwarzenberg.

jenen Fetten (die bei gewöhnlicher Temperatur flüssigen nennen wir *Öle*), die als Nahrungsstoffe in Betracht kommen, ist ein dreiwertiger Alkohol, nämlich das *Glyzerin*, enthalten. Sie führen deshalb auch den Namen *Glyzeride.* Ist somit die Alkoholkomponente einheitlicher Natur, so ist das mit der anderen Bausteinart, nämlich den Fettsäuren, nicht der Fall. Es kommen vornehmlich drei Arten von solchen vor: *Palmitin-*, *Stearin-* und *Ölsäure.* Die beiden ersteren unterscheiden sich nur durch den Gehalt einer CH_2-Gruppe. Der Palmitinsäure kommt die Strukturformel $CH_3 \cdot (CH_2)_{14} \cdot COOH$ zu. Diejenige der Stearinsäure ist: $CH_3 \cdot (CH_2)_{16} \cdot COOH$. Man nennt Fettsäuren dieser Art auch gesättigte der normalen Reihe der allgemeinen Formel $C_nH_{2n}O_2$. Die Ölsäure gehört einer anderen Reihe von Verbindungen an, nämlich einer sog. *ungesättigten.* Sie hat auch 18 Kohlenstoffatome wie die Stearinsäure, jedoch 2 H-Atome weniger. Ihre Strukturformel ist: $CH_3 \cdot (CH_2)_7 \cdot CH = CH \cdot (CH_2)_7 \cdot COOH$. Lagert man der Gruppe $-CH=CH-$ 2 Wasserstoffatome an, dann entsteht Stearinsäure. Die Ölsäure ist flüssig (daher ihr Name!). Die beiden anderen Fettsäuren sind dagegen fest. Somit geht bei der Wasserstoffanlagerung (Hydrierung) an die Ölsäure aus der flüssigen eine feste Fettsäure hervor. Es sei gleich vermerkt, daß Fette, in denen die Ölsäure als Baustein überwiegt, flüssig sind, d. h. sog. Öle darstellen, während das Vorwiegen von Palmitin- und Stearinsäure sich schon an der festeren Beschaffenheit des Fettes bemerkbar macht. Es ist gelungen, in Ölen, ohne sie aufzuspalten, Wasserstoff an die ungesättigten Gruppen —CH=CH— anzulagern und so flüssige in feste Fette überzuführen. Man spricht von einer *Härtung* des Fettes. So entsteht in der Hauptsache die *Margarine*. Die Möglichkeit, Öle zu härten, hat für unsere Ernährung eine ganz gewaltige Bedeutung erlangt. Es finden sich in der Natur Öle in sehr großen Mengen. Es sei an die verschiedenen Pflanzenöle, an die Trane aus Fischen usw. erinnert. Wir können diese nur in beschränktem Maße unmittelbar als Nahrungsstoffe verwenden. Ganz anders liegen die Verhältnisse, wenn sie in eine feste Form übergeführt sind. Nunmehr lassen sie sich z. B. auf Brot aufstreichen usw. Ob nun z. B. ein Fett, bestehend aus Glyzerin und Stearinsäure, in der Natur fertig gebildet vorkommt, oder aber aus einem Öl, dessen Bausteine Glyzerin und Ölsäure sind, durch Härtung erzeugt wird, ist für den Nährwert selbstverständlich völlig gleichgültig, denn es sind beide festen Fette in jeder Hinsicht identisch. Eine ganz andere Frage ist die, ob wir nicht neben gesättigten Fettsäuren auch ungesättigte benötigen. Diese werden wir später beantworten. Ferner sei vorweggenommen, daß in Vertretern der fettartigen Substanzen bestimmte Vitamine vorkommen, die dem gehärteten Fett (übrigens auch manchen natürlichen Fetten) fehlen. Infolgedessen ist z. B. Butter, die solche enthält, an sich wertvoller als Margarine, aber auch als z. B. Schweinefett (diesem fehlen z. B. Vitamine). Wird jedoch dafür Sorge getragen, daß die in Frage kommenden Vitamine mit anderen Nahrungsmitteln zugeführt werden, dann sind Schweinefett und Margarine an sich wertvollste Nahrungsstoffe.

Nun ergibt sich die Frage, wie die erwähnten Bausteine der Fette untereinander verknüpft sind. Gehen wir von einem ganz einfachen Beispiel aus. Der einfachste Alkohol ist der *Methylalkohol:* $CH_3 \cdot OH$ oder, unter Heraushebung der vier Wertigkeiten des Kohlenstoffs, wie folgt, geschrieben:

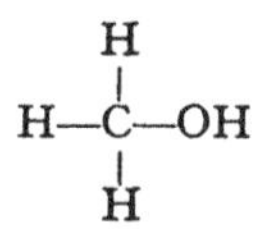

Die einfachste Fettsäure ist die *Ameisensäure*:

$H \cdot COOH$ oder 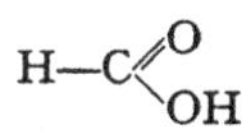

Sie bildet das erste Glied jener Reihe von Verbindungen, der die obengenannten gesättigten Fettsäuren, nämlich Palmitin- und Stearinsäure, angehören. Das nächste Glied dieser Reihe weist 2 C-Atome auf: $CH_3 \cdot COOH$, d. h. es ist der Formel der Ameisensäure eine CH_2-Gruppe einzufügen. Diese Verbindung führt den Namen *Essigsäure.* Nun können wir den Methylalkohol mit einer organischen Säure, z. B. der Essigsäure, wie folgt, vereinigen:

$$CH_3 \cdot OH + HOOC \cdot CH_3 \underset{\leftarrow \; +H_2O}{\overset{\rightarrow \; -H_2O}{}} CH_3 \cdot O \cdot OC \cdot CH_3.$$

Es erfolgt unter Abspaltung von 1 Molekül Wasser die Bildung eines *Esters,* und zwar im vorliegenden Fall des *Essigsäuremethylesters.* Er zerfällt unter Wasseraufnahme wieder in seine Bausteine Methylalkohol und Essigsäure. Wir sprechen von einem umkehrbaren Vorgang und bringen diesen in den Formeln durch das Zeichen $\rightleftarrows$ zum Ausdruck.

Die Fette sind nun im Prinzip genau gleich gebaut. Auch sie sind Ester. Da nun der Alkohol Glyzerin drei Alkoholgruppen enthält, kann er 3 Moleküle Fettsäuren esterartig verknüpft binden:

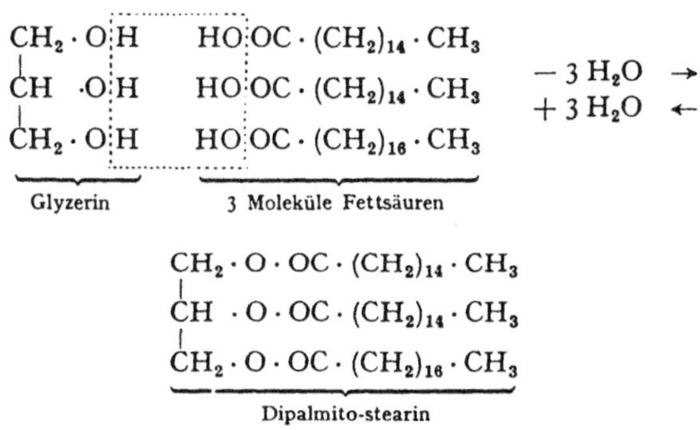

(d. h. ein aus 2 Molekülen Palmitinsäure und 1 Molekül Stearinsäure bestehendes Fett).

Wir haben im vorstehenden die Strukturformel eines Fettes, bestehend aus 1 Molekül Glyzerin und 3 Moleküle Fettsäuren, dargestellt, und zwar sind 2 Moleküle Palmitinsäure und ein solches von Stearinsäure vorhanden. Die beiden Pfeile bedeuten, daß die vier Bausteine unter Austritt von 3 Molekülen Wasser esterartig zum Fettmolekül vereinigt werden und umgekehrt dieses unter Aufnahme derselben wieder in seine Anteile zerfällt.

Hier sei nun gleich eingefügt, daß Abbau und Aufbau von Fetten in unserem Organismus unter ganz anderen Bedingungen erfolgen als im Laboratorium. Die Hydrolyse vollzieht sich bei Körpertemperatur und ohne Anwesenheit von Alkali[1] bzw. Säure in jener Konzentration, die wir anwenden, um künstlich Fette abzubauen. Es ist die Zerlegung der Fette im Verdauungsapparat an die Anwesenheit jener Stoffe geknüpft, die wir schon mehrfach erwähnt haben, nämlich der Fermentsysteme. Sie haben je nach ihrer Einstellung auf bestimmte Verbindungen bestimmte Namen. Die gemeinsame Bezeichnung aller Fermente, die esterartige Bindungen zu lösen vermögen, ist *Esterase*. In diesem Zusammenhang sei erwähnt, daß in der Regel der Name eines Fermentes die Kennzeichnung jenes Substrates in sich schließt, auf das es einzuwirken vermag. Angefügt ist die Endigung „ase". So heißt das Ferment, das Fette zu spalten (und auch aufzubauen) vermag, *Lipase*. Sie findet sich im Magensaft und in jenen Sekreten, die sich in den Darm ergießen (Darmsaft und vor allem Pankreas- [Bauchspeicheldrüsen-] Saft). Die *Magenlipase* spielt nur in jener Periode des Lebens eine bedeutsame Rolle, während der die Milch die Haupt- oder doch eine wesentliche Rolle bei der Ernährung spielt. Wir haben eine sehr

[1] Spalten wir Fette mit Alkali auf, dann erhalten wir Glyzerin und die Alkalisalze der Fettsäuren. Diese letzteren haben die Bezeichnung „*Seifen*" erhalten. Daher stammt auch der Ausdruck Verseifung von Fetten (bzw. allgemein von Estern) für Hydrolyse. Die Alkaliseifen sind leicht löslich in Wasser, die Kalziumseifen schwer.

interessante Anpassung an die flüssige Nahrung Milch vor uns. Der Säugling hat keine Zähne. Er ist infolgedessen auf jene angewiesen. Im Magen wird die Milch zum Teil fest. Es erfolgt Gerinnung (bewirkt durch das *Labferment*). Dabei fällt der Eiweißkörper Kasein als Kalksalz aus. Das entstehende Gerinnsel reißt alles in der Milch enthaltene Fett mit. Nun kann im Magen die Fett- und Kaseinverdauung einsetzen. Es sind zwei Momente, die auf die Verdauung des Milchfettes günstig einwirken. Einmal ist in der Milch etwas vorhanden, das die Lipasewirkung fördert, und dann besitzt das Milchfett die Eigenschaft, auch bei saurer Reaktion zu emulgieren. Wir haben schon S. 48 von der starken Vergrößerung der Oberfläche durch feinste Emulgierung gesprochen. Sie erleichtert der Lipase die Einwirkung auf die Fettmoleküle. Die gewöhnlichen Fette bilden nur bei alkalischer Reaktion eine feinste Emulsion.

Die Hauptverdauung der Fette vollzieht sich im Dünndarm. Hier herrscht nur im Anfangsteil noch saure Reaktion (bedingt durch den aus dem Magen kommenden sauren Speisebrei). Die Säure wird durch das Alkali der in den Dünndarm einströmenden Verdauungssäfte abgestumpft. Man hat lange Zeit darüber diskutiert, ob das gesamte Fett, bevor es die Darmwand durchwandert, aufgespalten wird, oder aber nur ein kleiner Teil davon. Dieses Problem ist im Sinne der ersteren Annahme entschieden worden. Man stieß jedoch bei dieser Annahme zunächst auf eine große Schwierigkeit. Sie bezieht sich auf die Aufnahme (Resorption) der Fettsäuren. Während das Glyzerin in Wasser spielend löslich ist, sind die Fettsäuren wasserunlöslich. Nun war schon lange aufgefallen, daß, wenn die Galle aus irgendeinem Grunde sich nicht in den Dünndarm ergießen kann, die Fettausnützung sehr stark gestört ist. Die Fäzes sind dann bei fetthaltiger Nahrung fettreich. Man dachte an eine behinderte Fettverdauung. Die Hauptstörung liegt jedoch woanders. Man entdeckte, daß *in der Galle enthaltene Säuren, genannt Gallensäuren, mit Fettsäuren zusammentreten und einen in Wasser löslichen Komplex bilden.* In dieser Form werden sie von der Darmwand aufgenommen. Dann zerfällt die Verbindung wieder. Die frei gewordenen Gallensäuren kehren zur Leber zurück und werden erneut mit der Galle (sie wird von jenem Organ gebildet!) in den Darm übergeführt und stehen erneut zum Transport von Fettsäuren zur Verfügung.

Aus Glyzerin und Fettsäuren entstehen in Zellen der Darmwand unter dem Einfluß von Lipase unter Wasserabspaltung (vgl. S. 54) Fette. Diese werden fortlaufend abtransportiert, und zwar in der Hauptsache innerhalb von Lymphgefäßen. Mit deren Inhalt gelangen sie schließlich in das Blut und stehen nunmehr allen Körperzellen, die Bedarf an ihnen haben, zur Verfügung. Der Überschuß wird in Fettzellen abgelagert.

Die *Kohlehydrate* (*Zuckerarten*) stehen dem Baustein Glyzerin insofern nahe, als sie Abkömmlinge von mehrwertigen Alkoholen sind. Wir gehen am besten von den Bausteinen jener Vertreter dieser Nahrungsstoffe aus, die wir hauptsächlich mit der Nahrung aufnehmen. Diese selbst sind zusammengesetzter Natur. So mannigfaltiger Art nun die Kohlehydrate, insbesondere der Pflanzenwelt, auch sind, so haben wir es in der Hauptsache nur mit einem Baustein zu tun, wenn wir die ganze Darstellung unter dem Gesichtspunkt unserer Ernährung und unseres Stoffwechsels betrachten. Es ist der *Traubenzucker* (auch *Glukose* oder *Dextrose* genannt), der im Mittelpunkt alles dessen steht, was den Kohlehydrathaushalt unseres Organismus umfaßt. Er ist Baustein sowohl des tierischen Reservekohlehydrates *Glykogen*, als des pflanzlichen Kohlehydrates mit entsprechender Funktion — der *Stärke* (*Amylum* — sie ist übrigens nicht einheitlicher Natur, vielmehr enthält sie in je nach der Herkunft wechselnder Menge *Amylodextrin* und *Amylose*). Endlich ist auch die *Zellulose* aus Glukosemolekülen aufgebaut.

Was ist nun Traubenzucker? Stellen wir uns an Stelle von Glyzerin, dem dreiwertigen Alkohol, einen sechswertigen vor, dann gelangen wir zu der folgenden Strukturformel:

$$\begin{array}{cccccc} CH_2 \cdot & CH \cdot & CH \cdot & CH \cdot & CH \cdot & CH_2 \\ | & | & | & | & | & | \\ OH & OH & OH & OH & OH & OH \end{array}$$

Ein unseren Körperzellen sehr geläufiger Vorgang, an dessen Verwirklichung Fermentsysteme besonderer Art beteiligt sind, ist die Entfernung von Wasserstoffatomen aus organischen Verbindungen. Man nennt diesen Vorgang *Dehydrierung* und die an dieser beteiligten Fermentsysteme *Dehydrasen*. Nehmen wir in der obenstehenden Formel einer primären[1] Alkoholgruppe H_2 weg, dann entsteht die Gruppe $-\mathrm{C}\genfrac{}{}{0pt}{}{\diagup\!\!\!\diagup\mathrm{O}}{\diagdown\mathrm{H}}$. Wir nennen eine solche *Aldehydgruppe*. Sie hat ganz andere Eigenschaften als z. B. eine Alkoholgruppe. Unter Aufnahme von H_2 kann sie wieder in eine primäre Alkoholgruppe übergehen. Sie nimmt leicht Sauerstoff auf. Es entsteht aus $-\mathrm{C}\genfrac{}{}{0pt}{}{\diagup\!\!\!\diagup\mathrm{O}}{\diagdown\mathrm{H}}$ die Gruppe $-\mathrm{C}\genfrac{}{}{0pt}{}{\diagup\!\!\!\diagup\mathrm{O}}{\diagdown\mathrm{OH}}$. Wir sind dieser bei den Fettsäuren begegnet. Sie führt den Namen *Karboxylgruppe* und ist das Kennzeichen der organischen Säuren[2]. Dehydrieren wir nun in der oben angeführten Strukturformel eine der beiden primären Alkoholgruppen, dann gelangen wir zur Formel:

$$\underbrace{\mathrm{H{-}\underset{\underset{\displaystyle O}{\|}}{C}}}_{\text{Aldehydgruppe}}\cdot\underbrace{\underset{\underset{\displaystyle OH}{|}}{\mathrm{CH}}\cdot\underset{\underset{\displaystyle OH}{|}}{\mathrm{CH}}\cdot\underset{\underset{\displaystyle OH}{|}}{\mathrm{CH}}\cdot\underset{\underset{\displaystyle OH}{|}}{\mathrm{CH}}}_{\text{4 sekundäre Alkoholgruppen}}\cdot\underbrace{\underset{\underset{\displaystyle OH}{|}}{\mathrm{CH_2}}}_{\text{Primäre Alkoholgruppe}}$$

Damit haben wir die Strukturformel des Traubenzuckers wiedergegeben. Nun kennen wir eine ganze Reihe von

---

[1] $\underset{|}{\mathrm{CH_2}}\cdot\mathrm{OH}$ = primäre, $-\overset{|}{\mathrm{C}}\mathrm{H}\cdot\mathrm{OH}$ = sekundäre, $-\overset{|}{\underset{|}{\mathrm{C}}}\cdot\mathrm{OH}$ = tertiäre Alkoholgruppe.

[2] Die Gruppe $-\mathrm{C}\genfrac{}{}{0pt}{}{\diagup\!\!\!\diagup\mathrm{O}}{\diagdown\mathrm{OH}}$ kann H-Ion abgeben. Sie reiht sich damit in die Reihe jener Verbindungen ein, die wir allgemein als Säuren bezeichnen. Charakteristisch für sie ist die Möglichkeit der Abgabe von $H^{\cdot}$ in wässeriger Lösung. In der Gruppe $-\mathrm{C}\genfrac{}{}{0pt}{}{\diagup\!\!\!\diagup\mathrm{O}}{\diagdown\mathrm{OH}}$ kann aber auch die OH-Gruppe durch einen anderen Rest ersetzt werden (vgl. hierzu die Struktur der Glyzeride S. 54).

Zuckern, die genau die gleiche Struktur besitzen, d. h. sich von sechswertigen Alkoholen durch Dehydrierung einer primären Alkoholgruppe ableiten. Zu jedem solchen Zucker gehört ein besonderer sechswertiger Alkohol, und ferner sind jeweilen Säuren zugehörig, wenn wir uns die Aldehydgruppe in eine —COOH-Gruppe verwandelt denken (bzw. auch die zweite primäre Alkoholgruppe in entsprechender Weise verändert vorstellen). Alle diese Zuckerarten mit der gleichen Strukturformel haben besondere Namen. Daraus erhellt ohne weiteres, daß sie trotz übereinstimmender Formel nicht identisch sein können. In der Tat haben sie auch ein verschiedenes Aussehen; ferner sind ihre Eigenschaften verschieden. Man kann sie schon am Geschmack unterscheiden. Wir erkennen an diesem Beispiel ohne weiteres, daß Strukturformeln nicht immer das wiederzugeben vermögen, was die Besonderheit im Aufbau einer Verbindung ausmacht[1].

[1] Es sei kurz angedeutet, daß Kohlenstoffatome, die verschiedene Massen, mit den vier Valenzen verknüpft, aufweisen, einer Verbindung besondere Eigenschaften verleihen. Man bezeichnet solche C-Atome als *asymmetrische*. Sie liegen der Eigenschaft der *optischen Aktivität* zugrunde (Ablenkung des polarisierten Strahles in bestimmter Richtung). Nun können die verschiedenen Massen im Raume verschieden angeordnet sein. Dadurch entstehen sog. *isomere* Verbindungen mit ganz bestimmten Eigenschaften. Die Strukturformel des Traubenzuckers auf S. 59 verrät, daß die C-Atome der vier sekundären Alkoholgruppen asymmetrische sind. Dieser Umstand erklärt, weshalb mehrere Zuckerarten die gleiche Strukturformel haben können und dennoch unter sich verschieden sind.

Im Glykogen, den Stärkeanteilen und in der Zellulose sind nun mehrere Traubenzuckermoleküle (wie viele ist noch umstritten) untereinander verknüpft, und zwar reiht sich Baustein an Baustein immer unter Austritt von einem Molekül Wasser. Umgekehrt löst sich bei der Hydrolyse einer vom anderen unter Wassereinlagerung. Hier sei kurz eingefügt, daß wir zwei Zucker kennen, die aus nur zwei Bausteinen aufgebaut sind, und die als Nahrungsstoffe eine Rolle spielen. Es sind dies der *Rohrzucker* und der *Milchzucker*. Der letztere ist der einzige Zucker der Milch. Spaltet man ihn, dann erhält man 1 Molekül *Traubenzucker* und 1 Molekül *Galaktose*. Der Rohrzucker wird nur in der Pflanzenwelt gebildet (in größeren Mengen im Zuckerrohr und in der Zuckerrübe). Er besteht aus je einem Molekül *Traubenzucker* und *Fruchtzucker*[1].

Betrachten wir nun den Aufbau der *Eiweißstoffe*, auch *Proteine* genannt. Auch sie bestehen aus Bausteinen. Wir nennen sie *Aminosäuren*, weil sie neben einer Karboxylgruppe, die sie als Säuren charakterisiert, eine *Aminogruppe* besitzen. Diese ist basischer Natur. Wir haben damit eine wesentliche Funktion der Eiweiß-

[1] Der *Fruchtzucker* (*Fruktose, Lävulose*) leitet sich auch von einem sechswertigen Alkohol ab (vgl. S. 58), nur geht er daraus durch Dehydrierung einer sekundären Alkoholgruppe hervor:

$$\begin{array}{c}H\\ |\\ -C-\\ |\\ OH\end{array} \rightarrow \begin{array}{c}-C-\\ \|\\ O\end{array}.$$ Die sich dabei bildende Gruppe $\begin{array}{c}|\\ -C=O\end{array}$ wird als Ketogruppe bezeichnet.

bausteine und damit auch des Eiweißes festgestellt, nämlich, daß sie sowohl als Säuren als auch als Basen wirken können. Nun ist eine der wesentlichsten Bedingungen für die ungestörte Vollziehung ungezählter chemischer Reaktionen die Innehaltung einer bestimmten, nicht über bestimmte Grenzen hinaus schwankenden Reaktion. Der Organismus erreicht die Ausbalancierung derselben u. a. mittels sog. *Puffern*, d. h. Verbindungen, die je nach der Reaktionsänderung im einen oder anderen Sinne H- oder OH-Ionen abzugeben vermögen, oder aber beiderlei. Die Zahl der Eiweißbausteine ist ganz erheblich. Wir kennen zur Zeit 26! Wir wollen an dieser Stelle uns nur den Grundtypus der Aminosäuren merken. Am besten gehen wir von einer bekannten Verbindung aus, nämlich der Essigsäure (vgl. S. 53). Ersetzen wir in ihr ein H-Atom durch die NH_2- = Aminogruppe, dann haben wir bereits die Strukturformel eines Eiweißbausteines vor uns:

$$\underbrace{CH_3 \cdot COOH}_{\text{Essigsäure}} \qquad \underbrace{\begin{array}{l} CH_2 \cdot COOH \\ | \\ NH_2 \end{array}}_{\text{Aminoessigsäure}}$$

Wir nennen diese Aminosäure entsprechend ihrer Struktur *Aminoessigsäure* (auch *Glykokoll, Glyzin* genannt). Weitere Eiweißbausteine leiten sich von der Fettsäure *Propionsäure* ab. Sie unterscheidet sich von der Essigsäure durch eine CH_2-Gruppe: $CH_3 \cdot CH_2 \cdot COOH$. Ersetzen wir in dieser Verbindung in der der Karboxylgruppe benachbarten CH_2-Gruppe ein H-Atom durch die NH_2-Gruppe, dann gelangen wir zu der *Amino-*

propionsäure (auch *Alanin* genannt): $CH_3 \cdot \underset{NH_2}{CH} \cdot COOH$.

Um bei solchen Kohlenstoffketten festzulegen, an welchem Kohlenstoffatom Substitutionen stattgefunden haben, hat man die einzelnen Kohlenstoffatome, ausgehend von der Karboxylgruppe, mit griechischen Buchstaben bezeichnet. Das dieser benachbarte Kohlenstoffatom führt den Namen α-C-Atom, das nächste heißt dann β-C-Atom. Eine ganze Reihe von Eiweißbausteinen sind nun nichts anderes als Abkömmlinge der α-Aminopropionsäure, und zwar enthalten sie am β-C-Atom an Stelle eines H-Atoms andere Gruppen (OH-, SH-, Phenyl-, Oxyphenyl-, Indol-, Imidazol-Gruppe). Dadurch entsteht eine große Mannigfaltigkeit in der Struktur der Eiweißbausteine.

Hier sei kurz eingefügt, daß es Kopfschütteln erregt, wenn man behauptet, ***daß jede Organismenart besondere Eiweißstoffe besitzt.*** Sie haben *arteigenen* Charakter. Nun ist die Zahl der Tier- und Pflanzenarten außerordentlich groß! Dazu kommt, daß innerhalb des einzelnen Wesens wiederum Eiweißstoffe verschiedener Art vorhanden sind. Jede Zellart hat *zelleigene* und *funktionseigene* Proteine. Überdenkt man das alles, dann ergibt sich eine gewaltig große Zahl von Eiweißarten. Wie sollten diese aus 26 verschiedenen Bausteinen hervorgehen können! Wenn man die folgende Überlegung anstellt, dann wird ohne weiteres begreiflich, daß die Natur aus der Fülle der wirklich möglichen Kombinationen von Aminosäuren verschiedener Art bei weitem nicht alle verwandt haben dürfte, d. h. die Zahl der Möglichkeiten ist größer, als verlangt werden muß, um alle die art- und zelleigenen Eiweißstoffe sämtlicher Lebewesen der Welt zu bilden. Wir wollen an die Stelle der Namen der Eiweißbausteine Buchstaben setzen. Kombinieren wir a und b (ohne Rücksicht auf Möglichkeiten verschiedener Bindungsarten), dann ergeben sich bei Änderung der Reihenfolge zwei Kombinationen, nämlich a-b und b-a. Bei drei Bausteinen sind folgende Möglichkeiten gegeben: a-b-c; a-c-b; b-a-c; b-c-a; c-a-b; c-b-a, somit 6. Bei vier verschiedenen Bausteinen kommen wir auf 24, bei fünf auf 120, bei sechs auf 720, bei sieben auf 5040, bei acht auf 40320; bei neun auf 362880, bei zehn auf 3628800 Kombinationsmöglichkeiten. Bei 20 verschiedenen Aminosäuren ergeben sich 2432902008176640000 Abwechslungen in der Reihenfolge der Bausteine! Das mag genügen, um darzutun, daß wir uns die große Anzahl von Eiweißstoffen, die in der Natur vorkommen, durch die Mannigfaltigkeit ihrer Bausteine und ihrer Kombinationen untereinander erklären können. Dazu kommen vielleicht noch unbekannte Eiweißbausteine, die in geringen Mengen vorhanden oder aber sehr leicht veränderbar sind und deshalb sich bislang dem Nachweis entzogen haben.

Wie sind nun die Aminosäuren im Eiweiß untereinander verknüpft? Diese Frage ist im Prinzip leicht zu beantworten, dank den Forschungen des genialen Chemikers EMIL FISCHER. Sie folgen in der Weise aufeinander, daß jeweilen die COOH-Gruppe des einen Eiweißbausteins mit der NH_2-Gruppe des nächsten verknüpft ist — wiederum unter Austritt von Wasser. Wir haben S. 62 Aminoessigsäure und α-Aminopropionsäure kennengelernt. Halten wir uns an diese beiden Eiweißbausteine und nehmen wir an, daß die erstere Verbindung die Kette eröffne, dann kommen wir zu der Formel:

$$\underbrace{\begin{array}{l} CH_2\cdot CO\,OH \\ | \\ NH_2\end{array}}_{\text{Aminoessigsäure}} + \underbrace{\begin{array}{l} H\,NH\cdot CH\cdot COOH \\ \qquad\quad\;\; | \\ \qquad\quad\; CH_3\end{array}}_{\alpha\text{-Aminopropionsäure}}$$

$$\underset{+H_2O}{\overset{-H_2O}{\rightleftarrows}} \quad \begin{array}{l} CH_2\cdot CO{-}NH\cdot CH\cdot COOH \\ | \qquad\qquad\qquad\quad | \\ NH_2 \qquad\qquad\qquad CH_3 \end{array}$$

Man nennt die Bindung $-\underset{\underset{O}{\|}}{C}-\underset{\underset{H}{|}}{N}-$ eine *säureamidartige.* Verbindungen, die mehr als einen Eiweißbaustein enthalten, bezeichnet man als *Polypeptide.* Bei Vorhandensein von zwei Aminosäuren spricht man von einem *Dipeptid,* von drei von einem *Tripeptid* usw.

Jetzt können wir auf die S. 49 angeschnittene *Frage nach der Bedeutung der Verdauung zurückkommen.* Wenn dem so ist, daß die einzelnen Zelleiweißstoffe eine besondere Struktur besitzen, ist es nicht wohl möglich, daß durch einen wenig tiefgreifenden Abbau von Nahrungseiweißstoffen den Zellen die Möglichkeit gegeben ist, sich Eiweiß nach eigenen, ererbten Plänen aufzubauen. Ein einfaches Beispiel möge das belegen. Der Säugling baut aus den Eiweißstoffen seiner einzigen Nahrung, nämlich der Milch, alle seine Gewebs- und Blutproteine usw. auf. Die Haare und Nägel sind solche

Eiweißstoffe! Wieder andere sind im Blutfarbstoff, im Blutplasma, in den Zellen selbst usw. enthalten. Wir können alle diese Proteine darstellen und ihren Gehalt an den einzelnen Aminosäuren unter Außerachtlassung ihrer Reihenfolge usw. bestimmen. Wir finden zum Teil sehr große Unterschiede in den Mengenverhältnissen der einzelnen Bausteine. Wir können nicht verstehen, wie es die Zellen fertig bringen sollten, hochmolekulare Polypeptide von bestimmter Zusammensetzung in solche ganz anderer Art umzubauen, es sei denn, daß diesen die Bausteine zur Verfügung stehen. Ergab schon diese gedankliche Überlegung, daß angenommen werden muß, daß im Magen-Darm-Kanal die Eiweißstoffe bis zu den Bausteinen abgebaut werden, so bestätigte der direkte Versuch diese Vorstellung. Es glückte, Tier und Mensch an Stelle von Eiweiß mit den aus diesem gewinnbaren Bausteinen vollwertig zu ernähren. Es konnte ferner nachgewiesen werden, daß die Verdauungsdrüsen alle jene Fermentsysteme liefern, die notwendig sind, um Eiweiß in die Bausteine zu zerlegen. Man begegnet ferner im Blute während der Eiweißverdauung nur Aminosäuren und nicht höhermolekularen Produkten der Eiweißverdauung. Zu Hilfe kam nun noch für die Auffassung der Verdauung im Sinne einer Vernichtung von besonderen zelleigenen Strukturen der Befund, daß dann, wenn diese mit Absicht umgangen, d. h. Eiweiß unter die Haut oder in die Bauchhöhle usw. eingespritzt wird[1], sich bestimmte Veränderungen einstellen. Schon

[1] Man nennt ein solches Verfahren *parenterale* Zufuhr.

seit längerer Zeit ist bekannt, daß, wenn die Einspritzung desselben Proteins nach einiger Zeit wiederholt wird, charakteristische Erscheinungen auftreten, die sehr oft zum Tode führen (*Überempfindlichkeit, Anaphylaxie, Shockzustand*). Diese Feststellungen sind von der größten praktischen Bedeutung geworden, und zwar in dem Augenblick, als man begann, zum Schutze gegen bestimmte Infektionskrankheiten oder zur Niederkämpfung ihrer Folgen Sera von entsprechend vorbehandelten Tieren einzuspritzen. Das bekannteste Beispiel dieser Art ist das Diphtherieheilserum. Die erste Einspritzung ist dabei ohne Gefahren, nicht aber ihre Wiederholung. Es ist der Kunst der Forscher und Ärzte gelungen, diese zu umgehen. Ein solches Mittel ist die Anwendung des Serums einer anderen Tierart bei der wiederholten parenteralen Zufuhr. Abgesehen von dieser praktischen Auswertung eines experimentellen Befundes sind reiche Anregungen für die Auffassung mancher Erkrankungen von diesem ausgegangen (Heufieber, Quaddelbildung nach Genuß von Erdbeeren usw. bei manchen Personen). Es scheint, daß bei allen diesen Störungen Vorgänge im Spiel sind, die mit dem Übergang von Spuren unveränderten Eiweißes in den Blutkreislauf in Zusammenhang stehen. Da nun niemals eine derartige Erscheinung zutage tritt, solange die Darmwand ihre Funktion als Barriere gegen die Außenwelt vollkommen erfüllt, steht fest, daß unter normalen Verhältnissen nie Eiweißstoffe und auch nicht Abbaustufen mit zellspezifischer Struktur zur Aufnahme gelangen.

Gelangt von Zellen selbst aus zelleigenes Eiweiß in die Blutbahn, dann kommt es zur Wirkung von Fermentsystemen, die dieses in dieser abzubauen vermögen (*Abwehrfermente*, ABDERHALDEN). Sie sind streng spezifisch auf das im Blute kreisende, blutfremde Protein eingestellt. Die gleiche Reaktion läßt sich auslösen, wenn man fremdartiges Eiweiß einspritzt. Durch den jenseits der Darmwand nachgeholten Abbau wird das gleiche erreicht wie bei der Verdauung, d. h. es wird die spezifische Struktur des Eiweißes vernichtet.

Wir kommen somit zum Schluß, daß *die Verdauung die organischen Nahrungsstoffe so zubereitet, daß unser Zellstaat von Fall zu Fall nach eigenen Plänen bauen kann. Der gesamte Stoffwechsel geht von den Bausteinen aus.* Sie werden den Zellen angeboten. Es liegt dies ganz im Sinne einer großen Ökonomie. Es erleben die Körperzellen keine Überraschungen. Es wird ihnen nicht bald dieser, bald jener Zucker, bald dieses, bald jenes Eiweiß usw. zugeführt, vielmehr haben sie es nur mit ganz bestimmten, immer gleichbleibenden Verbindungen zu tun, ganz gleichgültig, welcher Art die aufgenommene Nahrung ist. Ein Eiweiß mag in seiner Feinstruktur noch so weitgehend verschieden von einem anderen sein, bei der Verdauung entstehen die gleichen Aminosäuren — nur in verschiedenem Mengenverhältnis. Manche von ihnen dienen zum Aufbau von neuem Eiweiß, andere bestimmter Art liefern *Hormone = Sendboten,* wieder andere werden nach Abspaltung der Aminogruppe in Zucker übergeführt, und wieder andere werden beim Abbau in denjenigen von Fettsäuren übergeleitet.

Der Umstand, daß nur die Proteine Stickstoff und zumeist auch Schwefel enthalten — wir lassen außer acht, daß einzelne andere Verbindungen des Organismus und der Nahrung stickstoffhaltig sind, weil diese mengenmäßig gar nicht in Frage kommen —, läßt verständlich erscheinen, *weshalb Eiweiß vollkommen unentbehrlich für die Ernährung ist.* Auch dann, wenn wir hungern, wird Eiweiß umgesetzt. Innerhalb unseres Körpers kommt es zum Umbau von Eiweiß, wobei wiederum der Weg über die Bausteine geht. Jede Zelle besitzt Fermente, um diese zu bilden. Stehen vom Darme aus keine Eiweißbausteine zur Verfügung, dann werden diese aus in Zellen vorhandenen Proteinen gebildet. Immer wird Eiweiß neu aufgebaut. Die Verdauungssekrete enthalten solches von besonderer Art. Alle Drüsen und Drüschen liefern eiweißhaltige Produkte. Vielen Fermentsystemen liegen Eiweißstoffe von ganz besonderem Bau zugrunde.

Es wäre ein Irrtum, zu glauben, daß in unseren Geweben nur die drei erwähnten Klassen von organischen Verbindungen anzutreffen sind. Es sind noch solche ganz anderer Art vorhanden. So treffen wir in den Kernen (Nuclei) der Zellen Verbindungen besonderer Art an. Nach Abspaltung von Eiweiß verbleiben *Nukleinsäuren.* Diese enthalten Bausteine, die im Stoffwechsel zu *Harnsäure* führen. Im *Blutfarbstoff* treffen wir auch auf einen besonderen Eiweißkörper, verknüpft mit einem gefärbten Anteil, genannt *Hämochromogen.* Ringsysteme besonderer Art sind darin miteinander verknüpft und *Eisen* eingebaut. Gestreift sei, daß die Leber aus diesem Anteil des Blutfarbstoffs *Gallenfarbstoff* bildet. Er wird mit der Galle dem Darm zugeführt. Unter anderen Verbindungen sei noch kurz der *Sterine* gedacht. Sie enthalten Ringsysteme und spielen im Organismus eine bedeutungsvolle Rolle. Endlich sei noch darauf hingewiesen, daß in den Geweben Verbindungen vorkommen, die in den Eigenschaften den Fetten ähnlich sind. Dem entspricht auch ihre Struktur. Man erhält als Bausteine Glyzerin und Fettsäuren, daneben Phosphorsäure und eine stickstoffhaltige Base. Sie führen den Namen *Phosphatide.*

Weshalb sind nun diese letzteren Verbindungen, die wir mit unserer Nahrung aufnehmen, nicht auch als Nahrungsstoffe angeführt? Nun, weil unser Organismus imstande ist, sie selbst aus den Bausteinen der oben angeführten organischen Nahrungsstoffe aufzubauen. Selbst so kompliziert zusammengesetzte Verbindungen, wie Sterine, das Hämochromogen, bauen bestimmte Zellarten ganz offensichtlich von ganz einfachen Produkten des Zellstoffwechsels aus auf. Es bedurfte vieler Zeit, bis man erkannte, daß auch tierische Zellen umfassender Synthesen fähig sind. Zunächst glaubte man, daß nur die Pflanze aufbaue, während das Tier nur abbauen sollte. Es schien so jede Organismenwelt für die andere in einem Kreis zu arbeiten. Nun wissen wir, daß die Pflanze neben der Synthese auch umfassende Abbauprozesse ausführt und Umwandlungen vollzieht, wie wir sie auch bei uns antreffen. Die tierische Zelle vollbringt synthetische Leistungen, die auch der Pflanze eigen sind. Was wir nicht können, das ist die Synthese organischer Substanz aus anorganischer! Kohlensäure und Wasser sind für uns keine Ausgangsmaterialien zur Bildung organischer Verbindungen. Die entsprechende Verwendung von Sonnenenergie ist uns versagt.

Vitamine.

Bei dem geschilderten Stand der Ernährungslehre verharrte die Forschung lange Zeit, d. h. man war der Meinung, daß neben den angeführten anorganischen Nahrungsstoffen nur Fette, Kohlehydrate und Eiweißstoffe erforderlich seien, ja man war sogar der Auffassung, daß Kohlehydrate und Fette sich gegenseitig vollkommen vertreten können, und zwar nicht nach Gewichtsmengen, vielmehr entsprechend der Energiemenge, die sie liefern. Waren z. B. 100 g Fett zu ersetzen, so berechnete man die dazu erforderliche Menge an Zucker, wie folgt: 1 g Fett liefert rund 9 Kilogrammkalorien, folglich enthalten 100 g 900 Kalorien. 1 g Zucker ergibt rund 4 Kilogrammkalorien. $900 : 4 = 225$ g Zucker. Es unterliegt gar keinem Zweifel, daß sämtliche organischen Nahrungsstoffe mit Einschluß des Eiweißes sich zum Teil gegenseitig ihrem Energiewert entsprechend vertreten können, wie RUBNER festgestellt hat, jedoch gilt das nur innerhalb gewisser Grenzen und innerhalb gewisser Zeit. Fehlen die Kohlehydrate in der Nahrung, dann ergeben sich bestimmte Störungen. Das gleiche gilt beim Fehlen der Fette, insbesondere haben die *ungesättigten Fettsäuren* eine große Bedeutung.

Mit Verwunderung bemerkte man, daß es nicht möglich ist, Tiere mit den bekannten Nahrungsstoffen vollwertig zu ernähren. Schon der geniale BUNGE regte an, Mäuse mit einem Gemisch von Mineralstoffen, Wasser, Zucker, Fett und Eiweiß zu ernähren. Die Tiere starben. Die Zeit war damals nicht reif zur Beweisführung, daß offenbar noch unbekannte Faktoren bei der Ernährung eine Rolle spielen. Zu jener Zeit, in der die erwähnten Versuche ausgeführt wurden — 1873 —, waren noch sehr viele Möglichkeiten vorhanden, die eine Erklärung für den Mißerfolg der Ernährung mit den bekannten Nahrungsstoffen abgeben konnten. So war es denkbar, daß der verwendete Eiweißkörper nicht genügte; ferner gab es vielleicht noch Mineralstoffe, deren Bedeutung als Nahrungsstoffe man noch nicht kannte. Endlich störte die Schwierigkeit der Nahrungsaufnahme. Den Versuchstieren war die Nahrung in der betreffenden Zusammensetzung und Beschaffenheit fremd. Es fehlte der Appetit. Ein großer Fortschritt in der Erkenntnis, daß *es in der Tat noch Nahrungsstoffe besonderer Art gibt, die für eine vollkommene Ernährung unentbehrlich sind,* trat in dem Augenblick ein, als man zu Gemeinschaftsarbeiten überging, bzw. die Ergebnisse verschiedener Forschungsgebiete gemeinsam auswertete. Man wußte schon seit langer Zeit, daß unter bestimmten Ernährungsverhältnissen charakteristische Störungen auftreten. So war der *Skorbut* schon seit langem wohlbekannt.

Man wußte auch, daß man seine Erscheinungen — Blutungen des Zahnfleisches, Lockerung von Zähnen usw.— durch Zufuhr von frischem Gemüse, von Beerenfrüchten usw. bekämpfen kann. Hin und wieder wurde auch vermerkt, daß es erstaunlich sei, mit welch geringen Mengen dieser Nahrungsmittel man Erfolg habe. Ferner gab eine sehr schwere Störung, die insbesondere in Holländisch-Indien, Japan usw. auftritt, nämlich die *Beriberi*, viel zu denken. Sie wird bei Bevölkerungen angetroffen, die in der Hauptsache von geschliffenem Reis leben. Die Erscheinungen dieser schweren Erkrankung sind mannigfaltig. Es finden sich Störungen von seiten des Nervensystems, des Darmes usw. Man traf auf die gleichen Störungen bei Segelschiffahrern, die infolge ungünstiger Wetterverhältnisse zur Bewältigung einer bestimmten Strecke viel längere Zeit brauchten, als vorauszusehen war. Der Vorrat an Fleisch, frischem Gemüse, an Obst usw. war verbraucht, und nun ernährten sich die Schiffer im wesentlichen mit Schiffszwieback. Auch die *Pellagra*, die im wesentlichen bei Menschen auftritt, bei denen Mais einen wesentlichen Bestandteil der Nahrung ausmacht, gab Impulse zu Forschungen. Bei dieser finden wir Veränderungen der Haut (Pigmentierung, Blasenbildung, anschließend Entstehung von Narben, nervöse Erscheinungen usw.). Schließlich fand man — allerdings sehr spät —, daß auch die *Rachitis* irgendeine Beziehung zur Nahrung hat.

Ohne Tierversuch wäre man jedoch nicht weitergekommen. Es glückte, bei bestimmten Tieren alle erwähnten Krankheiten, wenn auch mit bestimmten Besonderheiten, hervorzurufen. Nun bestand die Möglichkeit, zu entscheiden, ob tatsächlich ein Zusammenhang mit einer nicht vollkommenen Ernährung vorhanden ist. Beim geschliffenen Reis z. B. konnte man das weggenommene Silberhäutchen und die Kleie der Nahrung zufügen, nachdem man insbesondere an Tauben und anderen Vogelarten (später auch an Ratten usw.) festgestellt hatte, daß bei ausschließlicher Verfütterung des genannten Nahrungsmittels bestimmte Störungen auftreten, und verfolgen, ob Erkrankungen ausblieben, bzw. bei bereits eingetretenen Veränderungen Heilung möglich war. Der Erfolg war ein überraschender. Es war nun klar, daß in der Kleie ein Stoff stecken mußte, der für eine vollwertige Ernährung unentbehrlich ist. Das gleiche fand man, als man Meerschweinchen, die Erscheinen des Skorbuts zeigten, z. B. Orangensaft gab.

So schritt die Forschung von Erfolg zu Erfolg. Man erkannte mehr und mehr, *daß es neben den oben angeführten organischen Nahrungsstoffen noch solche gibt, die weder als Baumaterial von Zellen noch als Energiespender in Frage kommen*, dazu waren die erforderlichen Mengen viel zu gering, *vielmehr greifen sie an irgendeiner Stelle entscheidend in den Stoffwechsel ein.* Fehlen sie, dann ergeben sich bestimmte Ausfallserscheinungen. Wir wollen der Entwicklung dieses so wichtigen Forschungsgebietes nicht weiter folgen, so interessant diese auch ist, ebensowenig wollen wir uns in Einzelheiten verlieren, vielmehr nur das herausheben, was gesicherter Bestand der Ernährungslehre geworden ist.

Von großer praktischer Bedeutung ist das Wissen um die beiden, durch ihr Lösungsmittel geschiedenen Abteilungen von Vitaminen. *Die einen sind nämlich in Wasser und die anderen in Fetten und fettartigen Substanzen löslich.* Wir werden von dieser Kenntnis aus bei der Beurteilung von Nahrungsmitteln auf ihren Gehalt an Vitaminen auf das Vorkommen von Fetten in ihnen achten. Ist der Fettgehalt gering oder gleich Null, dann werden wir keine fettlöslichen Vitamine erwarten! Umgekehrt werden wir in Ölen nicht nach wasserlöslichen Vitaminen suchen. *Wasserlösliche Vitamine* sind: *Vitamin B* (richtiger die B-Gruppe, weil hierzu mehrere Vitamine mit besonderen Wirkungen gehören) und *C*. Zu den *fettlöslichen* gehören: *Vitamin A, D und E.*

Heben wir zunächst hervor, was uns vom Gesichtspunkt der *Ernährung des Menschen* von den letzteren Vitaminen bekannt ist. Vom *Vitamin A* kennen wir die chemische Zusammensetzung genau. Wir wissen ferner, daß es aus einem weitverbreiteten Pflanzenfarbstoff, nämlich dem *Karotin*, hervorgeht. Diese Verbindung ist an sich kein Vitamin, vielmehr wird Vitamin A aus ihm in der Leber durch Spaltung gebildet. Es können aus einem Molekül Karotin je nach seiner Struktur (es gibt verschiedene Karotine!) zwei Moleküle Vitamin A oder auch nur eines hervorgehen. Da dieses Vitamin somit in unserem Organismus gebildet werden kann, könnte man es als Sendboten der Leber bezeichnen. Voraussetzung für seine Bildung ist, daß Karotin zugegen ist. Dieses kann offenbar von unseren Körperzellen nicht aufgebaut werden. In der Folge hat sich herausgestellt, daß Vitamin A Beziehungen direkter oder indirekter Art zu einem wichtigen Farbstoff hat, der insbesondere beim Sehen in der Dämmerung eine große Rolle spielt. Es ist dies der *Sehpurpur.* Er findet sich in jenen Sinnesepithelien der Netzhaut des Auges, die nach ihrem Aussehen Stäbchen genannt worden sind. Dieser Farbstoff bleicht bei Belichtung aus. Er kommt wieder zum Vorschein, wenn der Lichteinfall eingeschränkt bzw. aufgehoben wird. Bei der Bildung des Sehpurpurs ist Vitamin A irgendwie beteiligt.

Wir alle haben schon mit Überraschung festgestellt, daß wir beim Übergang aus einem hellen Raum in einen dunkeln zunächst in diesem nichts erkennen können. Allmählich sehen wir dann immer mehr Gegenstände hervortreten. Schließlich erkennen wir sogar ganz gut Einzelheiten. Man nennt das „*Adaptation*" an die Dunkelheit (diese ist nur relativ, wäre gar kein Licht vorhanden, dann könnten wir natürlich dauernd nichts erkennen). Sie erfolgt bei verschiedenen Individuen verschieden rasch. Wir wissen, daß diese Anpassung der Netzhaut des Auges an das geringe vorhandene Licht auf einer starken Steigerung der Erregbarkeit der Stäbchen in dieser beruht. Der Sehpurpur wirkt sich dabei aus. Licht, daß zuvor zu schwach war, um erregend zu wirken, wird jetzt wirksam. Nun hat man bemerkt, daß unter gewissen Umständen Personen sich erst nach sehr langer Zeit und oft bleibend mangelhaft an das Dämmerungssehen anpassen. Es stellte sich heraus, daß diese Feststellung in Zusammenhang mit einem Mangel an Vitamin A steht, ja man kann sagen, daß ein Frühsymptom vorliegt. Führt man das mangelnde Vitamin zu, z. B. in Gestalt des entsprechenden Karotins, dann bessert sich der ganze Zustand, der auch *Nachtblindheit* genannt worden ist, rasch.

Bei länger dauerndem Vitamin A-Mangel treten schwere Erscheinungen auf. Man bemerkt Veränderungen der Zellen der Bindehaut des Auges, gefolgt von Eintrocknung. Es folgen solche der Hornhaut. Sie trübt sich. Schließlich schmilzt sie ein, worauf dann das ganze Auge der Zerstörung anheimfällt. Diese Erscheinungen fallen besonders stark ins Auge. Daneben finden sich noch andere auffallende Veränderungen. Es treten Verhornungsprozesse an Orten im Körper auf, wo sonst solche nicht vorkommen. Schließlich hat man beobachtet, daß junge Tiere bei Mangel an Vitamin A im Wachstum gestört sind. Hierzu ist zu bemerken, daß es schwierig ist, zu entscheiden, ob ein Stoff in dem Sinne ein Wachstumsstoff ist, daß er dieses anregt, oder aber, ob die Störung des Wachstums dadurch bedingt ist, daß infolge Veränderungen im Zellstoffwechsel jene sehr komplexen Vorgänge, die dem Zuwachs von Zellen zugrunde liegen, nicht in normaler Weise ablaufen können.

Ein weiteres fettlösliches Vitamin ist das *Vitamin D* (man kennt bereits zwei verschiedene, nämlich D_2 und

D_3). Die Geschichte seiner Entdeckung ist außerordentlich lehrreich. Vorausgeschickt sei, daß es in Beziehung zur *Entwicklung der Knochen* steht (gewiß beeinflußt es auch noch andere Gewebe). Schon lange weiß man, daß namentlich in Städten *Rachitis* heimisch ist. Man kämpfte mittels Lebertran gegen diese Störung an. In neuerer Zeit fand man, daß auch dann Heilung erfolgen kann, wenn man Sonnenlicht auf den Körper einwirken läßt. Später ist dieses zum Teil durch die sog. Höhensonne ersetzt worden, nachdem man erkannt hatte, daß es bestimmte Strahlen des ultravioletten Gebietes sind, die wirksam sind. Es war überraschend, daß Lebertran und Sonnenlicht eine ähnliche, ja vielleicht identische Wirkung haben sollten. Die weitere Forschung hat Aufklärung gebracht. Es glückte, aus einem Angehörigen der S. 70 kurz erwähnten Steringruppe (nämlich dem Ergosterin — im Mutterkorn, der Hefe usw. enthalten), dem an und für sich jede Wirkung auf die Knochenbildung abgeht, durch Bestrahlung mit ultraviolettem Licht einen Stoff zu erzeugen, der das Verhältnis von Phosphorsäure zu Kalzium im Blutplasma, das bei bestehender Rachitis gestört ist, wieder normal zu gestalten. *Das war die Entdeckung von Vitamin D* (WINDAUS). In der Folge ist ein weiteres Vitamin D, das Beziehungen zu einem Cholesterinabkömmling hat, gewonnen worden. Noch unaufgeklärt ist das Wesen der Wirkung von Vitamin D. Wir können unter Anwendung der Röntgenstrahlen fortlaufend verfolgen, wie rachitischer Knochen unter der Vitamin D-Wirkung immer dichter wird. Nun haben wir erwähnt, daß Rachitis auch durch Sonnenbestrahlung allein ausgeheilt bzw. verhütet werden kann. Aus diesem Befund ist zu schließen, daß Vitamin D in der Haut aus einem dort befindlichen Stoff, vermutlich einem Sterin, gebildet werden kann.

Nun verstehen wir, weshalb die Rachitis in besonders großem Ausmaße in dichtbevölkerten Städten mit ihren Wohnkasernen aufgetreten ist. Über diesen schwebt vielfach eine Staubschicht, die das ultraviolette Licht abfängt. Auch sonst besteht vielfach Mangel an ausreichender Sonneneinstrahlung.

Von einem weiteren Vitamin dieser Reihe, genannt *Vitamin E* bzw. *Tocopherol,* steht seine Bedeutung für den Menschen noch nicht fest. Sein Vorkommen ist an Hand von Tierversuchen und insbesondere von solchen an Mäusen und Ratten erschlossen worden. Es zeigte sich, daß *bei seinem Fehlen Störungen in der Entwicklung des werdenden Organismus während der Schwangerschaft auftreten.* Es kann sein, daß diese durchgehalten wird, jedoch ist dann die Nachkommenschaft zumeist nicht lebensfähig. Bei einer weiteren Schwangerschaft kommt es zum Absterben der Feten. Sie werden resorbiert. Es folgt dann *Sterilität.* Infolgedessen hat man von einem *Antisterilitätsvitamin* gesprochen. Es ist zur Zeit nicht möglich, auszusagen, wodurch im einzelnen diese schwere Störung zustande kommt. Sicher ist, daß der mütterliche Organismus Veränderungen erleidet. Es geht dies schon daraus hervor, daß bei ausgetragener Schwangerschaft die Milchbildung so gering ist, daß die Jungen nicht ernährt werden können. Ferner spricht im gleichen Sinn, daß Sterilität eintritt. Es ist in hohem Maße wahrscheinlich, daß Vitamin E Beziehungen irgendwelcher Art zu jenen Stoffen hat, die den ganzen Ablauf des Geschlechtszyklus regeln und maßgebend für die normale Durchführung der Schwangerschaft und der Einstellung der Milchdrüsen auf ihre Aufgabe, die Jungen während einiger Zeit zu ernähren, sind. Es ist von allergrößtem Interesse, daß der wichtige Vorgang der Erhaltung der Art, nämlich die Fortpflanzung in der Tierwelt, in Beziehung zu einem Stoffe steht, der in der Pflanzenwelt erzeugt wird. Es steht nicht fest, ob dieser auch beim Menschen eine entsprechende Rolle spielt.

Obwohl uns die Struktur aller fettlöslichen Vitamine gut bekannt ist, und wir wenigstens von Vitamin A und den Vitaminen der D-Reihe (es gibt nämlich mehrere D-Vitamine [vgl. S. 78] und vielleicht auch A-Vitamine) die Bildungsweise kennen, sind unsere Kenntnisse über das Wesen ihrer Wirkung noch lückenhaft. Anders liegen die Verhältnisse in dieser Hinsicht bei der Gruppe der *wasserlöslichen Vitamine.* Hierher gehört die Gruppe der sog. *B-Vitamine* und das *Vitamin C.* Das letztere wird auch *antiskorbutisches Vitamin* genannt. Seine Struktur ist wohlbekannt. Diese läßt Eigenschaften erwarten, die für seine Funktionen von grundlegender Bedeutung sind. Wir werden noch mehrfach erfahren, daß im Zelleben sog. *Dehydrierungen* eine sehr große Rolle spielen. Das bedeutet, daß Verbindungen Wasserstoff abgeben, während andere unter Hydrierung diese übernehmen. Dabei wird die erstere Verbindung oxydiert und die letztere reduziert. Wir sprechen von gekoppelten *Oxydo-Reduktions-Vorgängen*. Vitamin C bildet nun ein wichtiges Glied in einem solchen System. Es kann Wasserstoff abgeben und wieder aufnehmen. Es sei dies an Hand der Strukturformel des Vitamins C, das auch den Namen *Askorbinsäure* führt, dargestellt:

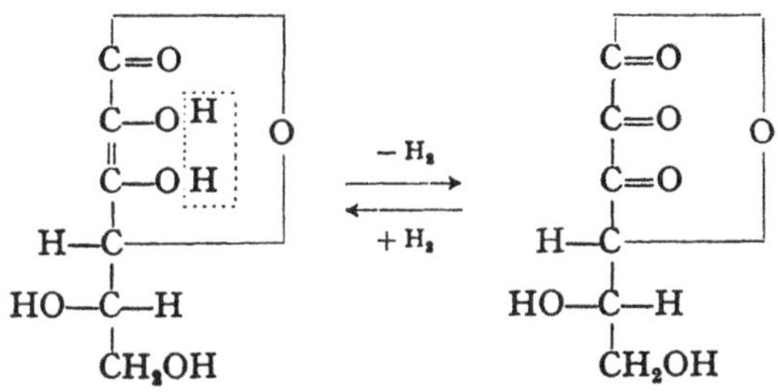

Askorbinsäure = Vitamin C   Dehydroaskorbinsäure

Nicht erklärt ist vorläufig durch die Feststellung der eben genannten Funktion von Vitamin C jenes Symptom bei seinem Fehlen, das zu seiner Entdeckung geführt hat, nämlich das Auftreten von Blutaustritten aus Blutgefäßen. Diese müssen in ihren feinen Verzweigungen irgendwie durchlässig für ihren Inhalt werden. Hier besteht noch eine Lücke in unserer Erkenntnis des Wesens der Wirkung des genannten Vitamins.

Der *Vitamin B-Komplex* weist eine ganze Anzahl verschiedener Anteile mit besonderen Wirkungen auf. Man hat sie zum Teil mit dem Buchstaben B bezeichnet und durch Zahlen ihre besondere Stellung zum Ausdruck gebracht — B_1, B_2, B_3 usw. Von anderer Seite ist vorgeschlagen worden, im Alphabet weiterzufahren und von Vitamin G usw. zu sprechen. Diese verschiedenartige Nomenklatur wirkt verwirrend. Wir folgen der in Deutschland üblichen Namengebung und sprechen von Vitamin B_1, B_2 usw. *Zunächst* heben sich Angehörige dieser Gruppe dadurch besonders hervor, daß wir einerseits ihre *Zusammensetzung* kennen und andererseits tiefen Einblick in ihre Funktion besitzen. Es sind dies die Vitamine B_1 und B_2. Das erstere besteht aus einem Bausteinanteil[1], den wir in ähnlicher Weise in Säuren antreffen, die in der Kernsubstanz enthalten sind. Mit ihm ist eine schwefelhaltige Verbindung[2] vereinigt. Es hat sich nun herausgestellt, daß *Vitamin B_1 Anteil an der Bildung eines Fermentsystems hat, das beim Abbau von Zucker in Geweben beteiligt ist.* Kombiniert mit *Pyrophosphorsäure* und mit einem bestimmten *Eiweißanteil* greift es bei der stufenweisen Zerlegung einer bestimmten Abbaustufe von Kohlehydraten und auch von bestimmten Eiweißbausteinen ein. In der Hefezelle verliert diese Verbindung Kohlensäure. Es handelt sich um *Brenztraubensäure*, die in *Azetaldehyd* übergeht, und zwar unter der Wirkung eines Fermentes, das den Namen *Karboxylase* führt (die für die organischen Säuren charakteristische Gruppe, die Wasserstoffion abgeben kann, heißt Karboxylgruppe, daher die Bezeichnung Karboxylase für jenes Ferment, das diese zerstört). Nun benötigt dieses Ferment zu seiner Wirkung einen Hilfskörper, genannt *Co-Ferment.* Die Funktion desselben erfüllt

[1] Ein *Pyrimidinderivat.* [2] *Thiazol* genannt.

Vitamin B_1-pyrophosphorsäure. Diese Erkenntnis führt uns mitten hinein in feinste Vorgänge im Zellgeschehen! Wir wissen nun, daß ein Vitamin Anteil an einem Fermentsystem hat, das von entscheidender Bedeutung für den Abbau einer bestimmten Stoffgruppe, nämlich der Kohlehydrate, ist. Es ist nun verständlich, daß, wenn der erwähnte Anteil an dem in Frage kommenden Fermentsystem fehlt, schwerste Störungen auftreten müssen. Schon seit längerer Zeit war bekannt, daß bei Mangel an Vitamin B_1, das aus bestimmten Gründen[1] den Namen ***Aneurin*** erhalten hat, und ferner in Hinblick auf seine chemische Zusammensetzung auch ***Thiamin*** genannt wird, der Kohlehydratabbau gestört ist, und die obengenannte Abbaustufe — nämlich Brenztraubensäure — unzerlegt bleibt. Wir finden sie im Zustand der B_1-Avitaminose in erhöhter Menge im Blut und auch in Geweben — insbesondere des Nervensystems. Die Erfahrung hat gezeigt, daß *der Bedarf an Vitamin B_1 in engster Beziehung zum Kohlehydratstoffwechsel steht.* Man kann sogar bei ganz normaler Ernährung, z. B. einer Taube, die Erscheinungen der sog. B_1-Avitaminose hervorrufen, wenn man der Nahrung viel Zucker beifügt. Es treten ferner früher Störungen auf, wenn die Nahrung neben Mangel an Vitamin B_1 viel Kohlehydrate enthält, als wenn das nicht der Fall ist. Gewiß ist mit dieser

[1] Vgl. hierzu S. 73 die Mitteilung, daß es eine schwere Störung, genannt Beri-beri, gibt, der ein Mangel an Vitamin B_1 zugrunde liegt, und bei der es zu Störungen von seiten des Nervensystems kommt. In Hinsicht auf diese ist der Name Aneurin gewählt worden.

Aufklärung der Funktion von Vitamin B_1 noch nicht alles erschöpft, was es in unserem Organismus zu leisten vermag. Es bedeutet jedoch schon einen sehr großen Fortschritt, daß wir eine bestimmte Seite seines Einflusses auf den Zellstoffwechsel kennen. Es ist jedoch bis jetzt insofern eine Lücke geblieben, als allem Anschein nach bei uns Vitamin B_1 den Abbau von Brenztraubensäure offenbar in anderer Richtung beeinflußt, d. h. es kommt anscheinend nicht zur Abspaltung von Kohlensäure, vielmehr scheint Milchsäure gebildet zu werden. Es sei mit den folgenden Formeln kurz angedeutet, in welcher Weise Vitamin B_1 einerseits in den Prozeß der alkoholischen Gärung der Hefezelle und andererseits in die Verwandlung von Brenztraubensäure in unseren Geweben eingreift:

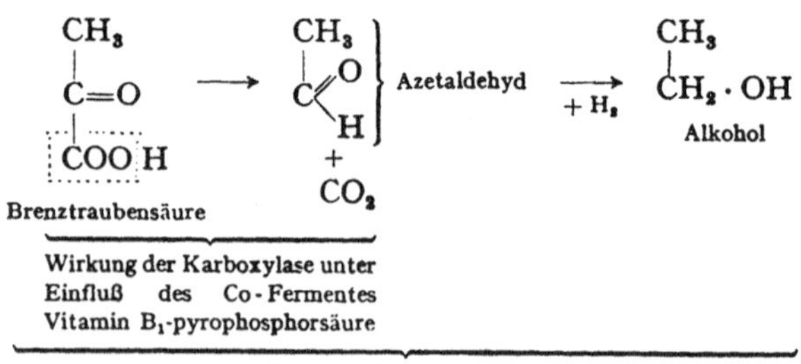

Alkoholische Gärung der Hefezelle

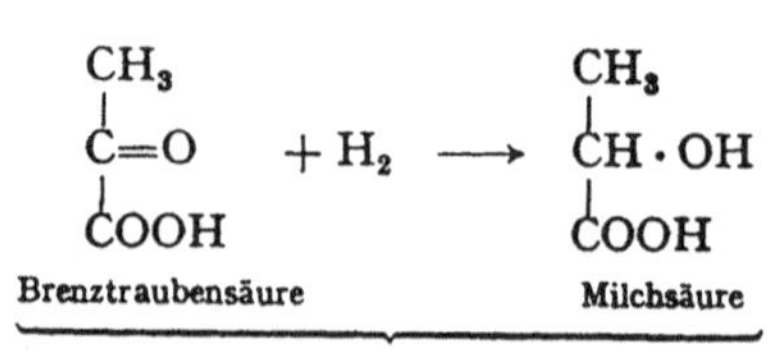

unter Einfluß eines Fermentsystems, an dem Vitamin B_1-pyrophosphorsäure beteiligt ist.

Kurz gestreift sei, daß manche niedere Lebewesen imstande sind, Vitamin B_1 aufzubauen. So wissen wir, daß solche in den Vormägen der Wiederkäuer vorhanden sind. Sie beliefern diese mit dem genannten Vitamin. Daher kommt es, daß der Gehalt der Milch dieser Tiere in keinem unmittelbaren Zusammenhang mit dem der aufgenommenen Nahrung steht. Man hat auch sonst ungemein interessante Feststellungen in Hinsicht auf die Belieferung von Tieren mit Vitaminen gemacht, und zwar in Gestalt von *Symbiosen.* Je mehr man die Tierwelt durchforscht, um so mehr entdeckt man ein Zusammenleben von ganz verschiedenen Organismenarten, die sich gegenseitig in ihrer Ernährung und damit in ihrem Dasein unterstützen. S. 9 erwähnten wir z. B. die Wurzelbakterien, die freien Stickstoff der Luft zu binden vermögen und so ihrer Wirtspflanze (Leguminosen) von Nutzen sind. In vielen anderen Fällen bilden die fremden Zellen Vitamine, vor allem Vitamin B_1, und beliefern damit ihren Wirt. So sind in der Neuzeit viele bislang unverständliche Symbiosen in ihrer Wirkung aufgeklärt worden. Wir vermögen Vitamin B_1 nicht aufzubauen. Es ist auch nicht bekannt geworden, daß uns Bewohner unseres Darmkanales solches liefern können. Somit sind wir ganz und gar auf seine Zufuhr mit der Nahrung angewiesen. Die Umwandlung des freien Vitamins in die Pyrophosphorsäureverbindung vermögen unsere Körperzellen und insbesondere diejenigen der Darmwand zu vollziehen (wahrscheinlich unter Mitwirkung von Sendboten der Nebennierenrinde).

Vom *Vitamin B_2* wissen wir, daß auch es Anteil an einem sehr wichtigen Fermentsystem hat. Unsere Körperzellen vollziehen jene Prozesse, die zur Infreiheitsetzung von Energie führen, nicht einheitlich. Es greifen mindestens zwei verschiedene Fermentsysteme ein, die wieder unter sich in Wechselbeziehung stehen. Es sind dies einerseits jene Fermentkomplexe, die den Namen *Dehydrasen* führen, und die Wasserstoffatome zu verschieben vermögen. Wir haben dieser wichtigen Fermente bereits gedacht. Andererseits greifen solche ein, die Sauerstoff übertragen. Zu diesen gehört u. a. das sog. *gelbe Atmungsferment.* An seiner Zusammensetzung ist nun Vitamin B_2 beteiligt. Es besteht aus einer Kohlehydratgruppe[1]. Diese ist mit einem kompliziert gebauten Ringsystem (*Alloxazin*) verknüpft. Diese, ihrer Struktur nach gut bekannte Verbindung stellt einen Farbstoff dar, und zwar gehört sie zur Gruppe der *Flavine.* Das in der Milch vorkommende Flavin führt den Namen *Laktoflavin. Verestert mit Phosphorsäure stellt dieses Vitamin B_2 dar. Kombiniert mit einem Eiweißstoff besonderer Art liefert Laktoflavinphosphorsäure das gelbe Atmungsferment!* Trennt man dieses in die Komponenten Laktoflavinphosphorsäure und Eiweiß, dann erlischt sofort die Funktion des genannten Atmungsfermentes, um wiederzukehren, sobald die beiden Anteile wieder vereinigt sind. Also auch in diesem Falle ist erkannt, daß ein Vitamin tief in den Zellstoffwechsel eingreift. Wir verstehen nunmehr, daß beim Fehlen von Vita-

[1] Eine Pentose (Fünfkohlenstoffzucker), genannt *Ribose.*

min B_2 schwere Störungen auftreten und z. B. das Wachstum nicht normal durchgeführt werden kann, sind doch beim wachsenden Organismus die einzelnen Fermentsysteme besonders stark beansprucht. Es gilt, fortlaufend Material zum Aufbau von Zellbestandteilen aus den verschiedensten Quellen zu erzeugen und zugleich zu den Synthesen Energie zu liefern.

Über die übrigen Vitamine der B-Gruppe sind manche Einzelheiten bekannt, jedoch vermögen wir nur wenig über ihre Bedeutung für unseren Organismus auszusagen. Man hat im Tierversuch Faktoren gefunden, die für das Wachstum bestimmter Tierarten[1] von Bedeutung sind; fehlt ein, Vitamin B_6 (*Adermin*) genannter Stoff, dann zeigen sich Erscheinungen von seiten der Haut. Es sind ferner Stoffe den Vitaminen zugeteilt worden, die irgendwie mit der Blutbildung in Zusammenhang stehen, wieder andere sollen die Widerstandskraft gegen Infektionen erhöhen, jedoch ist die Forschung nicht so weit vorgeschritten, daß man von einem gesicherten Bestand unseres Wissens sprechen könnte. Manche Befunde auf diesem Gebiet, wie Blutarmut, Veränderungen in Geweben, mangelhafte Reaktionsfähigkeit und Anpassung an besondere Bedingungen können sehr wohl sekundär durch den Ausfall bekannter Vitamine bedingt sein. So überrascht es z. B. nicht, daß das Wachstum notleidet, wenn Fermentsysteme mehr oder weniger ausfallen, die im Mittelpunkt des gesamten Zellstoffwechsels stehen. Hinzu kommt nun noch, daß die Vitamine nicht nur

[1] z. B. Hühnchen, Ratten usw.

engste Beziehungen zu Fermentsystemen aufweisen, *vielmehr sind ohne Zweifel auch solche zu den Hormonen vorhanden.* Nach dieser Seite ist unser Wissen noch sehr lückenhaft. Infolgedessen ranken ungezählte Hypothesen und bilden geradezu für eine klare Sicht über das, was eindeutig erkannt ist, ein Hindernis.

Es ergibt sich die Frage, *ob wir nunmehr alle jene Stoffe kennen, die für unseren Organismus als Nahrungsstoffe in Betracht kommen.* Sie kann zur Zeit nicht beantwortet werden. Die Entdeckung der Vitamine mahnt zur Vorsicht. Die Zeiten liegen nicht weit zurück, in denen ein Abschluß in der Kenntnis der für unseren Organismus erforderlichen Nahrungsstoffe erreicht schien. Insbesondere gibt zu denken, daß Spuren von Stoffen von grundlegender Bedeutung für das Wohlbefinden sein können. Es genügen von den Vitaminen minimale Tagesmengen. Wir halten es für durchaus möglich, daß noch weitere Stoffe entdeckt werden, die für bestimmte Zellfunktionen von maßgebender Bedeutung sind. Diese Möglichkeit darf uns nicht schrecken! Nicht die Entdeckung derartiger Stoffe ermöglicht uns an sich, die Ernährung vollkommener zu gestalten, als sie es zuvor war, solange sie mit möglichst unveränderten Naturprodukten vorgenommen wird, es sind vielmehr entsprechende Beobachtungen zunächst in erster Linie für die wissenschaftliche Erkenntnis von Stoffwechselvorgängen und den an ihnen beteiligten Einzeleinrichtungen und -vorgängen von ausschlaggebender Bedeutung. Es entsteht dann jeweilen anschließend die Frage, ob der Mensch nicht durch irgendwelche künstliche Veränderungen seine Nahrung so umgestaltet hat, daß bestimmte Nahrungsfaktoren geschädigt oder gar entfernt sind. Hier wäre zu erwähnen, daß der Umstand, Vitamine in völlig reinem Zustand herzustellen, es ermöglicht hat, ihre Eigenschaften zu studieren. Vor allem interessierte ihr Verhalten gegenüber allen Eingriffen, die wir mit der Nahrung vornehmen, um sie für uns schmackhaft und verdaulich zu machen, wie Kochen, Braten, Backen u. dgl. m. Ferner interessierte, ob die gebräuchlichen Verfahren zur Haltbarmachung von bestimmten Nahrungsmitteln Vitamine zerstören. Es stellte sich allerdings heraus, daß Befunde, die mit den reinen Stoffen erhoben worden sind, nicht ohne weiteres auch für die im Verband der Zellen und Gewebe enthaltenen Gültigkeit haben. Im letzteren Falle besteht die Möglichkeit eines Schutzes innerhalb gewisser Grenzen. So sollte z. B. Vitamin B_1 beim Backprozeß des Brotes völlig vernichtet werden. Es ist dies jedoch keineswegs der Fall. Sehr empfindlich ist eigentlich nur Vitamin C. Von diesem wissen wir, daß es von manchen Tieren gebildet werden kann. Entgegen früherer Anschauungen wird neuerdings betont, daß es auch in unseren Geweben aufgebaut werden kann, sei es nun, daß es nach Erfüllung bestimmter, S. 80 genannter Funktionen aus Umwandlungsprodukten neugebildet werde, sei es, daß es von anderen Verbindungen aus aufgebaut wird. Auf alle Fälle sind die Angaben über die Notwendigkeit einer besonders großen Zufuhr gerade dieses Vitamins vielfach übertrieben worden. Es ist insbesondere Vitamin C, das Anlaß zu großen Befürchtungen in Hinsicht auf eine zureichende Ernährung ausgelöst und viel Beunruhigung hervorgerufen hat. Auf der einen Seite ist seine leichte Zersetzlichkeit bekannt, und auf der anderen sollte es in auffallend großen Mengen erforderlich sein!

Man hat sich oft gefragt, wieso es kommt, daß die eine Tierart ein bestimmtes Vitamin selbst bilden kann, während einer anderen diese Fähigkeit abgeht. Man dachte an die Möglichkeit einer Anpassung. Enthält die Nahrung bestimmte Vitamine in ausreichender Menge, dann erübrigt sich ihre Bildung im Organismus, und so erlischt vielleicht die Fähigkeit der Synthese, die in früheren Zeiten vorhanden war. Es ist sehr schwierig, diese Vorstellung zu beweisen, weil gewiß lange Zeiträume erforderlich wären, um eine solche Umstellung zu erreichen, d. h. wir können nicht die Bildung eines Vitamins dadurch erzwingen, daß wir eine gewisse Zeit lang seine Zufuhr unterbinden! Wir setzen dabei den betreffenden Organismus Störungen aus, die wenig günstig für die Übernahme einer neuen Funktion sind!

Die beim Vorgang der Verdauung wirksamen Einrichtungen.

Wir haben bislang die für unsere Ernährung notwendigen Nahrungsstoffe nur ihrer *Qualität* nach kennengelernt und uns noch nicht darum gekümmert, *in welchen Mengen wir sie aufnehmen müssen*, um einerseits beim wachsenden Individuum Ansatz und beim erwachsenen

Erhaltung des Körpergewichts zu erzielen. Ehe wir uns dieser Frage zuwenden, müssen wir noch die Frage beantworten, *in welchen Zustand die Nahrung gebracht werden muß, um von der Darmwand aus den Körperzellen zugeführt zu werden.* Wir haben dieses wichtige Gebiet schon wiederholt gestreift, indem wir der großen Bedeutung der Verdauung gedachten. Wir müssen sie von zwei Gesichtspunkten aus betrachten, einmal *von dem der Beschaffenheit und der Zusammensetzung der Nahrung aus und dann von dem der Abgabe der für ihre Verwandlung erforderlichen Verdauungssäfte.* Wir halten uns hierbei getreu dem Ziele, Einblick in unsere Ernährung zu geben, ausschließlich an unseren Organismus. Wir nehmen in der Regel den Hauptteil unserer Nahrung nicht im Naturzustand auf. Wir müssen uns an die gegebenen Verhältnisse halten. Es hat wenig Sinn, in Ernährungsangelegenheiten Vorschläge zu machen, die in der Praxis nicht allgemein durchführbar sind. Das immer engere Zusammenwohnen der Menschen hat zu Maßnahmen geführt, die man mit vollem Recht als Durchkreuzung natürlicher Gegebenheiten bezeichnet. Wir sind bereits auf eine solche Störung gestoßen, als wir des Kreislaufs des Stickstoffs gedachten. Wir übernehmen wohl von der Pflanze stickstoffhaltige Substanzen und vor allem Eiweiß, wir geben ihr jedoch unsere stickstoffhaltigen Stoffwechselendprodukte und das, was unausgenützt geblieben ist, nicht zurück. Indem wir Harn und Kot Flüssen zuführen und ferner Leichen verbrennen, durchbrechen wir biologische Gegebenheiten. Wohl hat man begonnen, Kläranlagen zu schaffen und Fäkalien und verwandte Produkte zum Gemüseanbau usw. zu verwerten, es bleiben jedoch in dieser Hinsicht immer noch große Lücken. Es ist insbesondere auch der Kampf gegen Infektionskrankheiten, der uns zwingt, alle Produkte, die in dieser Richtung Störungen verursachen können, in radikaler Weise zu entfernen. Wir können u. a. nicht die Milch, unmittelbar von der Kuh entnommen, verzehren. Sie wird gesammelt und kommt zum Transport. Hierbei können sich Mikroorganismen entwickeln, die für uns und insbesondere für Kinder sehr schädlich sein können. Mit dem frischen Gemüse können wir uns Parasiteneier (Würmer u. dgl. m.) einverleiben. Auch das Fleisch, das nicht so selten durch mancherlei Hände geht, birgt Gefahren in sich, wenn wir es ungekocht aufnehmen.

Es hat die Pflicht, die Menschen vor Schädigungen durch die Nahrung zu schützen, zu strengen Maßnahmen geführt. Die Milch muß für den Säugling pasteurisiert werden. Ganz gewiß ist dieser Eingriff nicht ganz gleichgültig. Wünschenswert wäre es, daß jedes Kind Muttermilch erhält, und falls das nicht möglich ist, Kuhmilch in entsprechender Zubereitung möglichst unmittelbar von einer vollkommen gesunden Kuh. Es ist jedoch sinnlos, Forderungen zu stellen, die zur Zeit aus naheliegenden Gründen unerfüllbar sind. Es bleibt uns gar nichts anderes übrig, als unter Berücksichtigung der gegebenen Verhältnisse die Ernährung zu überwachen und überall da, wo Störungen möglich sind, einzugreifen. Hier macht sich überall die durch rastlose Forschungsarbeit errungene Erkenntnis geltend. Sie richtig auszuwerten, ist Aufgabe aller jener, die für eine möglichst vollwertige Ernährung zu sorgen haben. Es müssen diese Dinge hier deshalb stark betont werden, weil immer wieder von gewisser Seite bemängelt wird, daß man, anstatt zu einer völlig „natürlichen" Ernährung, wie sie angeblich unsere Vorfahren besaßen, zurückzukehren, fortfahre, Nahrungsmittel für die Ernährung herzustellen, die in sich unvollkommen seien, wie z. B. Konserven aller Art, Weißbrot usw. Wir befinden uns hier in der gleichen Lage, wie bei der Diskussion über die Düngung des Ackerbodens. Es unterliegt keinem Zweifel, daß die gegebene Form derselben die Zufuhr von Harn und Kot und zuletzt auch der Leichen jener Lebewesen ist, die sich von Pflanzen direkt oder indirekt ernähren. Ein ewiger Kreislauf der Stoffe ist von der Natur aus festgelegt. Nun kann jedoch niemand die Vermehrung landwirtschaftlicher Maschinen und damit die Verringerung der Tierhaltung aufhalten. Ebensowenig ist es möglich, die Zunahme an Menschen hintanzuhalten. Es gilt, das Leben aller Menschen zu sichern. Dazu ist eine möglichst große Ausnützung des Ackerbodens erforderlich. Ohne künstliche Düngung mit gebundenem Stickstoff (vgl. hierzu S. 11), mit Thomasmehl usw., wäre es niemals möglich, so reiche Ernten zu erzeugen, wie es notwendig ist, um die vorhandenen Menschen zu ernähren. Die größeren Ernten bedingen wiederum, daß der Mensch sich nach Methoden umsehen muß, um sie zu bewältigen und zugleich immer wieder in kürzester Zeit den Ackerboden in den Zustand zu bringen, in dem er erneut Frucht tragen kann. Das alles ist nur möglich durch Einsatz von immer genialer konstruierter Maschinen. Es ist sinnlos, über alle diese Dinge hinwegzusehen und Rückkehr zur Natur zu predigen. Diejenigen, die in dieser Richtung zu wirken versuchen, stellen immer wieder unter Beweis, daß ihnen die elementarsten Grundbegriffe der Ernährungsforschung fehlen. Vor allem wird das Gesetz von der Erhaltung der Energie und des Stoffes übersehen. Man kann aus dem Ackerboden nicht aus nichts Nahrungspflanzen herausstampfen! Ist es im Einzelfall möglich, sich ganz auf eine natürliche Düngung zu stützen, dann ist das gewiß zu begrüßen. Auf der anderen Seite steht der forschende Geist des Menschen, der überall versucht, durch ihn geschaffene Verschiebungen in natürlichen Gegebenheiten auszugleichen — nicht so selten allerdings veranlaßt durch sich geltend machende Schäden.

Den meisten Menschen entgeht, daß unausgesetzt ein Kampf geführt wird, um ihm möglichst vollwertige Lebensbedingungen zu verschaffen. Es gilt, überall auszugleichen. Um bei der Ernährung zu bleiben, sei bemerkt, daß alle Anstrengungen gemacht werden, um die Konservierung von Nahrungsmitteln möglichst so zu gestalten, daß insbesondere die Vitamine erhalten bleiben. Auch für die Nutztiere wird in diesem Sinne gesorgt. Man hat gelernt, Gras, Luzerne, Rübenblätter usw. in einer Weise zu konservieren, daß ihr Nährwert möglichst erhalten bleibt. Das kommt vor allem dem

Nährwert der Milch und der aus ihr gewonnenen Butter zugute (Vitamingehalt!). Vorteilhaft wäre, die Kühe im Freien weiden zu lassen. Es ist gewiß kein Idealzustand, daß diese Tiere ihr Futter im Stall erhalten und monatelang auf Heu usw. angewiesen sind. Wir müssen jedoch auch hier mit den gegebenen Verhältnissen fertig werden und für die Tierhaltung die besten Bedingungen ausfindig machen. Die Fortschritte in dieser Beziehung sind groß. *Nicht derjenige Forscher dient dem Volke am besten, der zur Zeit unerfüllbare Forderungen stellt und fortgesetzt betont, wie sehr wir uns von den natürlichen Verhältnissen entfernt haben, vielmehr derjenige, der mit unabwendbaren Gegebenheiten rechnet und alle Kräfte einsetzt, um vorhandene Störungen auszugleichen.* Die Tatsache, daß es in rascher Folge gelungen ist, die durchschnittliche Lebensdauer des Menschen stark zu erhöhen, beweist an und für sich, daß der Kampf gegen unnatürliche Lebensbedingungen mit größtem Erfolg geführt worden ist.

Wir kommen damit zur Frage der *Zubereitung der uns von der Natur dargebotenen Nahrungsmittel.* An erster Stelle hervorzuheben ist, daß der Mensch sich seinen Nahrungsraum mittels der Kochkunst ganz erheblich erweitert hat. Er hat damit ebenfalls von der Natur als solcher gegebene Verhältnisse durchbrochen. So ist für den Menschen die Kartoffel an sich kein Nahrungsmittel. Erst durch das Kochen ist sie zu einem solchen von größtem Werte geworden. Wir können ferner die Getreidekörner auch nicht unmittelbar verwerten, wie etwa der körnerfressende Vogel oder das Pferd. Wir bereiten Mehl aus den Körnern und verwandeln dieses „künstlich" zu Nahrungsmitteln für uns. Wir können wohl Karotten roh essen. Sie schmecken ganz gut, jedoch ist die Ausnutzung in unserem Darmkanal erheblich viel besser, wenn wir sie gekocht aufnehmen.

Es ließen sich Beispiele dieser Art in großer Zahl anführen. Sie mögen genügen, um zu zeigen, welch gewaltige Rolle die Zubereitung der von der Natur gebotenen Nahrungsmittel für unsere Ernährung spielt. Mehr und mehr sind Maschinen in den Küchenbetrieb eingezogen. Sie dienen der Zerkleinerung insbesondere von Nahrungsmitteln aus der Pflanzenwelt, der Erzeugung von Fruchtsäften usw. Wir ersetzen mit diesen Eingriffen das, was das pflanzenfressende Tier mit seinen Zähnen und zum Teil mittels der in besonderen Vorrichtungen — z. B. den dem eigentlichen Magen vorgelagerten Vormägen des Wiederkäuers — sich vollziehenden Mazeration und der damit verknüpften Erweichung der Zellulose erreichen. Bei manchen körnerfressenden Vögeln finden wir dem eigentlichen Magen einen sog. Muskelmagen vorgelagert. Seine Innenfläche wird von einer hornartigen Schicht gebildet. Mittels verschluckter Steinchen werden unter Einsatz der kräftigen Muskulatur die Körner zermahlen. Uns fehlen alle derartigen, insbesondere auf den Zellulosegehalt der Pflanzennahrung eingestellten Vorrichtungen. Die Pflanze verwendet Zellulose zur Absteifung, Abgrenzung von Zellen usw., d. h. sie erfüllt mechanische Funktionen.

Sie muß sehr stabil gebaut sein, um diese erfüllen zu können. Sie ist deshalb auch so widerstandsfähig und widersteht z. B. unseren Verdauungssäften vollkommen. Gewisse Mikroorganismen besitzen Fermente, die Zellulose abzubauen vermögen. Sie sind es, die in unserem Darmkanal wenigstens einen Teil derselben in Lösung bringen. Beim Kochen wird die Zellulose erweicht und gelockert, wodurch der Angriff auf sie erleichtert wird. Sie wird auch durchlässiger für die Fermente der Verdauungssäfte.

Die Kochkunst hat nicht nur die Aufgabe, Schädigungen durch Lebewesen von uns fernzuhalten, die den Nahrungsmitteln beigemengt sein können (Sterilisierung durch hohe Temperaturen), *diese zu zerkleinern und zu erweichen, vielmehr erzeugt die Kunst der Köchin bzw. des Koches durch allerhand Zutaten und die ganze Anrichtung der Speisen Vorbedingungen für die Zurverfügungstellung der für die Verdauung unentbehrlichen Verdauungssäfte.* Es ist im Volksbewußtsein viel zu wenig verankert, welch große Aufgabe diejenigen vollbringen, die die Speisen zubereiten. Es wird als eine selbstverständliche Gegebenheit hingenommen, daß die Speisen gut zubereitet auf den Tisch kommen! Mir ist immer unverständlich geblieben, weshalb in der Ausbildung der Mädchen die Kunst des Kochens so stark vernachlässigt wird. Wie unendlich viel wertvoller wäre eine gründliche Vorbereitung auf den Beruf der Hausfrau — unbeschadet einer sonstigen geistigen Ausbildung, die sehr gut, richtig geleitet, nebenhergehen kann —, als das Erlernen von Dingen, die kaum aufgenommen, dem Gedächtnis entschwinden, weil sie ohne jeden Zusammenhang mit der lebendigen Wirklichkeit bleiben!

Wir stoßen wiederum auf Schwierigkeiten, die durch die in mehr als einer Hinsicht nicht natürliche Lebensweise des Menschen bedingt sind. Während derjenige, der in größerem Ausmaß Muskelarbeit leistet, bei seiner Ernährung vom Hunger geleitet wird und ganz von selbst Appetit entwickelt, sind für jene, die sog. sitzende Lebensweise aufweisen, besondere Mittel erforderlich, um diesen zu wecken. Die Uhr regelt bei vielen Menschen die Aufnahme von Mahlzeiten und nicht das Bedürfnis. Gewohnheit stellt sich ein. *Nun stehen die Verdauungssäfte mit ihren so wichtigen Inhaltsstoffen, nämlich den Fermenten, nicht immer zur Verfügung.* Die Natur arbeitet auf der einen Seite in verschwenderischer Fülle. So bringt sie z. B. ungezählte Arten hervor und setzt alles ein, um die Fortpflanzung zu sichern und die einzelne Art zu erhalten. Auf der anderen Seite herrscht beim einzelnen Individuum bei Funktionen, die zu seiner Erhaltung bestimmt sind, denkbar größte Ökonomie. So werden die Verdauungssäfte immer nur von Fall zu Fall und in einer der Art der Nahrung entsprechenden Zusammensetzung zur Verfügung gestellt. Eine Ausnahme macht in mancher Hinsicht der Speichel. Er hat mehr als nur die eine Funktion der Verdauung zu erfüllen. Er hilft mit, die Mundhöhle feucht zu erhalten. Dazu kommt seine Funktion, den Bissen schlüpfrig zu gestalten, damit er durch die Speiseröhre in den Magen gleiten kann. Auch seine Abgabe durch die Speicheldrüsen ist jedoch in vieler Hinsicht an Reize geknüpft. Jedermann weiß, daß „einem das Wasser im Munde zusammenläuft“ beim Anblick einer Speise, die man gern haben möchte. Die Speichelabgabe kann von mancherlei Sinnesstellen aus angeregt werden: vom Auge aus (Anblick von Speisen), ferner können Geruchs- und Geschmackseindrücke anregend wirken. Schließlich erweckt unter Umständen das Geräusch von klappernden Tellern usw. die Vorstellung des Essens und gibt damit Anlaß zu vermehrter Speichelbildung, ja die bloße Vorstellung von etwas „Gutem“ kann sich in dieser Richtung auswirken.

Bei der Abgabe des *Magen-*, *Bauchspeicheldrüsen-* und *Darmsaftes* wirken gleichfalls Reize mit. Sie sind mannigfaltiger Art. Einerseits sind es sog. *Reflexvorgänge,* die zur Sekretion von Verdauungssäften führen. Sinneszellen werden erregt. Die Erregung wird in einer Nervenfaser einem sog. Zentrum zugeleitet. Es befindet sich im Zentralnervensystem (z. B. im verlängerten Mark). Von da aus wird sie wiederum durch eine Nervenbahn Drüsenzellen zugeleitet, die nun entsprechend reagieren. Es greifen jedoch noch andere Mechanismen ein. So findet sich in der Magenschleimhaut ein Stoff, der imstande ist, die Bildung von Magensaft anzuregen. Entsprechende Produkte bringt die Dünndarmschleimhaut hervor. Sie werden der Blutbahn übergeben und im Blute den entsprechenden Drüsenzellen als Anregungsmittel zugeführt. Im unteren Teil des Dünndarmes machen sich besonders stark Einflüsse geltend, die durch beim Vorgang der Verdauung entstehende Produkte gegeben sind. Es wird so in gewissem Sinne die Qualität und Quantität des Sekretionsvorganges von dem Inhalt des Darmes aus geleitet. Es ist nicht gleichgültig, ob Milch, Fleisch, Eier, Gemüse usw. aufgenommen werden, vielmehr ist der Umfang der Verdauungssaftabgabe und dessen Gehalt an Fermenten jedesmal ein anderer. Wir haben eine erstaunliche Anpassung an die Art der aufgenommenen Nahrung vor uns.

Die Verdauung hat den Zweck, die Inhaltsstoffe der Nahrung in einen Zustand überzuführen, in dem sie die Darmwand durchwandern können. Darüber hinaus werden aus den verschiedenartigsten Verbindungen zusammengesetzter Natur Bruchstücke hervorgebracht, die den Körperzellen als Material zur Bildung zelleigener Stoffe oder aber zur unmittelbaren Erschließung von Energie dienen können. Wir können noch so mannigfaltig aufgebaute Eiweißkörper zu uns nehmen, im Darmkanal bilden sich jeweils ein und dieselben Bausteine — Aminosäuren —, die in keiner Weise verraten, wie sie zuvor zu Eiweiß zusammengefügt waren. Im wesentlichen erhalten wir aus den zusammengesetzten Kohlehydraten der Nahrung Traubenzucker, aus den Fetten Glyzerin und Fettsäuren.

In der *Mundhöhle* spielt bei uns nur die Kohlehydratverdauung eine gewisse, in der Regel bescheidene Rolle. Der Speichel enthält Fermente — *Diastase, Maltase* —, die Stärke und Glykogen zu spalten vermögen. Es hängt von der Verweildauer des Bissens in der Mundhöhle ab, in welchem Umfang dieser Abbau erfolgt.

Mit dem eingespeichelten Bissen ereignet sich nunmehr etwas an sich sehr Überraschendes. Er wird ohne unser bewußtes Zutun mit der Zunge gewendet und verschoben und schließlich gegen den Rachen zu befördert. Immer noch haben wir ihn in unserer Gewalt. Sobald er jedoch die hintere Rachenwand berührt hat, verlieren wir diese über ihn. Er wird auf dem Wege eines Reflexvorganges in die Speiseröhre getrieben. Der *Schluckakt* hat begonnen! Von nun an haben wir unter normalen Verhältnissen keine Empfindung mehr von dem, was mit ihm geschieht. Alles, was im Magen und Darmkanal an Sekretionen, Bewegungen u. dgl. vor sich geht, tritt nicht in den Bereich unseres Bewußtseins! Erst dann, wenn Reste der aufgenommenen Nahrung, vermengt mit Produkten, die von Drüsen in den Darm gelangt sind, in den Enddarm eintreten, entsteht wieder eine Empfindung. Es macht sich *Stuhldrang* geltend. Er mahnt uns, jene nach außen abzugeben. Wehe, wenn diesem nicht entsprochen wird! In dem Unterlassen der Stuhlabgabe liegt die Wurzel für mancherlei Störungen. Stuhlträgheit ist oft die Folge.

Im *Magen* kommt die verschluckte Speise mit dem sauren Magensaft in Berührung. Ehe der Mageninhalt mit der Salzsäure desselben durchtränkt ist, können noch die Fermente des Speichels weiter wirken. *Die Hauptverdauung im Magen ist diejenige des Eiweißes.* Die Fettverdauung spielt, wie wir schon S. 55 erfahren haben, nur dann eine bedeutsame Rolle, wenn Milch aufgenommen wird. *Am umfassendsten ist die Verdauung im Darmkanal, und zwar in den oberen Anteilen des Dünndarmes.* Hier ergießen sich *Galle, Pankreassaft* und *Darmsaft* auf den Speisebrei. Während der Magen neben der Aufgabe, die Verdauung einzuleiten, noch diejenige einer Vorratskammer hat — der Umstand, daß wir größere Nahrungsmengen auf einmal aufnehmen können, ermöglicht es uns, die Nahrungsaufnahme zeitlich zu beschränken —, übernimmt der Darm infolge einer sehr wichtigen Einrichtung von Fall zu Fall immer nur ganz wenig Speisebrei. Es überrascht immer wieder, wie wenig davon man im gesamten Darmkanal, verglichen mit dem Inhalt des oft prall gefüllten Magens, antrifft. Es kommt dies daher, daß der Magen nach dem Darm zu immer nur ganz geringe Anteile des Speisebreis entläßt. Es ist ein Reflexvorgang, der den Magenausgang verschließt und öffnet. Der Ringmuskel (*Sphincter pylori*), der den Verschluß bewirkt, erschlafft, wenn dünnbreiiger Mageninhalt gegen den Magenausgang getrieben wird. Es tritt saurer Speisebrei in den Anfangsteil des Dünndarmes über. Die saure Reaktion wirkt als Reiz. Dieser bedingt die Auslösung des sog. *Pylorusreflexes.* Der erwähnte Sphinkter zieht sich zusammen und verschließt den Magenausgang. Im Darm trifft die Magensäure auf Alkali. Durch dieses wird sie abgestumpft. Wieder kommt es zur Entlassung von etwas Speisebrei aus dem Magen, und wieder bildet sich der erwähnte Reflex aus. Diese Einrichtung hat eine sehr große Bedeutung. Es wirken nämlich die Fermente der in den Darm sich ergießenden Verdauungssäfte nur bei schwach alkalischer Reaktion, nicht jedoch bei saurer. Eine Überschwemmung des Darmes mit viel saurem Speisebrei würde den Verdauungsvorgang im Darmkanal stören.

Der Darm bewegt sich. Er zeigt Bewegungsvorgänge, die den Zweck haben, seinen Inhalt zum Enddarm zu befördern. Man spricht von einer *peristaltischen* Bewegung. Sehr wichtig sind auch die, *Misch-* bzw. *Pendelbewegungen* genannten motorischen Leistungen der Darmmuskulatur. Sie bewirken eine Durchmengung des Speisebreies mit den Verdauungssäften. Zugleich wird der Speisebrei in dünner Schicht auf der gewaltigen Oberfläche ausgebreitet, die durch das Vorhandensein ungezählter Erhebungen der Schleimhaut — der sog. *Darmzotten* — erzielt ist. Nun kann die Resorption einsetzen. Fortwährend werden gebildete tiefe Abbaustufen der zusammengesetzten organischen Nahrungsstoffe abtransportiert. Sie gelangen von den Darmwandzellen aus in das Blut — bei den Fetten liegen die Verhältnisse, wie S. 57 beschrieben, anders — und in diesem zur *Leber*. Es kommt so unter normalen Verhältnissen nie zu einer Überschwemmung des Blutes mit Nahrungsstoffen aller Art. Überall begegnen wir feinsten Regulationen. Es hat jede Einrichtung ihren Sinn! Es gilt dies vom Übertritt kleiner Speisebreimengen aus dem Magen, von der Ausbreitung dieser auf eine große Oberfläche, von dem stufenweisen Abbau hochmolekularer Stoffe zu immer kleineren Spaltstücken und den ganzen Mechanismen der Stoffaufnahme durch die Darmwand. Die letztere ist auch gesteuert. Es greift u. a. die Nebennierenrinde ein, um z. B. die rasche Aufnahme des Traubenzuckers zu bewerkstelligen. Erinnert sei noch an die Bildung eines in Wasser löslichen Komplexes durch die Kombination der in diesem unlöslichen Fettsäuren mit Gallensäuren (vgl. S. 57). So ist alles bis in jede Einzelheit hinein in feinstem Zusammenspiel geregelt.

Man wird fragen: Was hat das nun mit der Ernährung zu tun? Genügt es nicht, zu wissen, welcher Art die aufgenommene Nahrung sein muß, und in welchen Mengen man sie zuführen muß, um vollwertig ernährt zu sein, um die Frage nach einer ausreichenden Ernährung zu beantworten? Ganz gewiß nicht! Das ist eben der Grundfehler in der Erfassung von Problemen der Ernährung, daß vielfach nur von der Nahrung selbst ausgegangen wird. Jedermann muß wissen, welch feiner Mechanismus eingreift, um die aufgenommene Nahrung in einen Zustand überzuführen, in dem sie zur Aufnahme durch die Darmwand geeignet ist. Es verblassen dann Eindrücke, wie sie durch jene Abbildungen hervorgerufen werden, in denen man Röhrensysteme an Stelle des Verdauungskanales mit angegliederten Laboratorien erblickt, in denen die Verdauungssäfte erzeugt werden usw.! Derartige Darstellungen erwecken ganz unrichtige Vorstellungen und vermögen auch nicht einen Hauch von dem wiederzugeben, was an Feinheiten bei dem so wichtigen Vorgang der Verdauung und der Stoffaufnahme durch die Darmwand vor sich geht. Es ist nicht so, daß der Mensch „ist“, was er „ißt“! Maßgebend ist, was im Verdauungskanal aus der aufgenommenen Nahrung wird, und wie jene Einrichtungen funktionieren, die den Durchtritt der Verdauungsprodukte durch die Darmwand beherrschen. Störung jedes einzelnen dieser Faktoren hat verhängnisvolle Folgen! Zuviel oder zuwenig Salzsäure im Magensaft, Störungen des Pylorusreflexes, unzureichende Bildung der Verdauungssäfte für die Darmverdauung, Versagen der Nebennierenrinde und dadurch bedingte Störungen in der Aufnahme des Traubenzuckers, mangelhafter Übergang von Galle in den Darm usw. — jeder einzelne Ausfall eines Gliedes in der so wunderbar aufeinander abgestimmten Kette von Vorgängen macht sich geltend. Nun verstehen wir, weshalb bei Verdauungsstörungen das Gesamtbefinden des Organismus so sehr leidet. Wie rasch wirken sich vor allem beim Säugling solche aus! Er erhält nach wenigen Tagen ein greisenhaftes Aussehen! Und wie rasch hebt sich sein Befinden wieder, wenn die Verdauung wieder in Gang kommt.

Neben den sekretorischen Störungen kommt auch den motorischen eine große Bedeutung zu. Ein zu rascher Durchgang des Darminhaltes verhindert die Auswirkung der Fermente der Verdauungssäfte und natürlich auch die Stoffaufnahme durch die Darmwand. Ein zu langes Verweilen von Darminhalt hat auch wieder nachteilige Folgen. Es bilden sich unter der Wirkung von Darmbakterien, insbesondere aus Bausteinen der Eiweißstoffe Produkte, die für den Organismus nicht gleichgültig sind. Er wehrt sich. Es kommt in der Leber zur Kuppelung von solchen an bestimmte Verbindungen, wodurch eine gewisse Entgiftung entsteht (vgl. hierzu S. 44). Die Erfahrung zeigt jedoch, daß dieser Schutz nur in beschränktem Ausmaß wirksam ist. Sehr viele Menschen leiden im Anschluß an Obstipation an Kopfschmerzen, ja Benommenheit. Ein Blick in die Feinheiten der Mechanismen des gesamten Verdauungsvorganges und alles dessen, was damit zusammenhängt, macht es uns zur Pflicht, Störungen von der aufgenommenen Nahrung aus zu vermeiden. Es wird von sehr vielen Menschen ihrem Verdauungsapparat geradezu Ungeheuerliches zugemutet. Eine von Menschenhand erbaute Maschine wird pfleglich behandelt. Nur Sachverständige bedienen sie. Sorgsam wird das richtige Schmiermittel ausfindig gemacht. Besondere Sorgfalt wird jenem Material zugewendet, das die zur Funktion der Maschine erforderliche Energie liefern soll. Wie unendlich viel gröber sind doch die bei der Tätigkeit einer solchen sich auswirkenden Mechanismen, verglichen mit dem so zarten Material, aus dem unsere Organsysteme aufgebaut sind! Wie fein ist das Zusammenspiel der verschiedenen in Frage kommenden Mechanismen! Sie würden bei jeder Gelegenheit in Unordnung geraten, wenn nicht fortlaufend Selbstregulationen eingreifen würden. Daß zahlreiche mehr oder weniger große Störungen von Funktionen des gesamten Verdauungsapparates mit Einschluß der Leber vorhanden sind, wundert uns nicht, viel mehr Bewunderung löst es aus, daß sie nicht häufiger sind! Beim frei lebenden Tier ist die Nahrungsaufnahme durch den Instinkt in jeder Hinsicht geregelt. Qualität und Quantität sind in gewissem Sinne festgelegt. Ergeben sich dennoch aus irgendwelchen Gründen Störungen, dann werden Hungerzeiten eingelegt. In diesem Zusammenhang sei kurz gestreift, daß nicht wenige Naturheilmittel im Sinne einer Erleichterung der Darmentleerung wirksam sind. Wieder andere, wie die Rohkost, wirken sich im Sinne einer erheblichen Nahrungseinschränkung aus.

Das Schicksal der den Körperzellen zugeführten Nahrungsstoffe. Der Zellstoffwechsel und seine Regulationen.

Im Mittelpunkt der Erscheinungen während der je nach dem Umfang der Nahrungsaufnahme etwa 6 bis 8 Stunden umfassenden Übernahme der Verdauungsprodukte von seiten der Darmwand stehen zwei an sich überraschende Befunde. *Einmal bemerken wir, daß der Stoffwechsel in seiner Gesamtheit nur innerhalb gewisser Grenzen und in unmittelbarer Abhängigkeit vor allem vom Eiweißgehalt der aufgenommenen Nahrung ansteigt; ferner zeigt es sich, daß die Zusammensetzung des Blutes an den einzelnen Stoffen nur geringfügige Verschiebungen zeigt.* Die erstere Feststellung bedeutet, daß die Körpergewebe und -zellen ihren Stoffwechsel fest in der Hand haben. Ihre Fermentsysteme greifen je nach Bedarf ein. Wir können nicht durch ein Mehrangebot an Nahrungsstoffen die Umsätze in ihnen nach Belieben vermehren.

Wäre das der Fall, dann wäre es für den Organismus unmöglich, seine Körpertemperatur aufrechtzuerhalten. Die so ausgezeichnet funktionierende Wärmeregulation ist nur bei feinstem Zusammenspiel aller jener Einrichtungen, die Wärmebildung und -abgabe beherrschen, denkbar. Würde nach einer Nahrungsaufnahme den Zellen ein der Nahrungsstoffzufuhr entsprechender Umsatz aufgezwungen, dann würde bald viel Wärme gebildet, bald wenig. Dabei würde viel Energie, unzweckmäßig genutzt, verloren gehen.

Wo bleiben nun die resorbierten Nahrungsstoffe, wenn das Blut unter normalen Verhältnissen nie größere Schwankungen in seinem Gehalt an Wasser, an Mineralstoffen, an Traubenzucker usw. aufweist? Es bedeutet eine Spitzenleistung an Regulationen, daß die Zusammensetzung des Blutes im Hungerzustand und dann, wenn die Resorption von Nahrungsstoffen im Gange ist, oder wenn sich in vermehrtem Ausmaße Stoffe auf dem Wege von einem Organ zu einem anderen, das gerade in lebhaftester Tätigkeit ist, befinden, innerhalb gewisser Grenzen gleichbleibt. Wir können z. B. 100 g Kohlehydrate aufnehmen, z. B. in Form von Stärke. Obwohl nun ununterbrochen Traubenzucker die *Darmwand* durchwandert (vgl. hierzu S. 43), bleibt der Zuckergehalt des Blutes innerhalb enger Grenzen konstant. Nun besitzen wir etwa 5—6 l Blut. Der Blutzuckergehalt beträgt etwa 0,1 %, somit besitzen wir im strömenden Gesamtblut rund 5—6 g Zucker. Ein Zufluß von etwa 100 g Traubenzucker in einem Zeitraum von wenigen

Stunden müßte sich im Gehalt des Blutes an solchem bemerkbar machen, wenn nicht mit dem resorbierten Material etwas Besonderes geschieht. Dieses Besondere ist die *Speicherung*. Traubenzucker wird zunächst in gewissem Umfang von Leberzellen in *Glykogen* verwandelt. Dieses Kohlehydrat entsteht aus ihm durch Zusammenlagerung von Traubenzuckermolekülen unter Wasserabspaltung. Auch andere Körperzellen können Glykogen bilden und ablagern. Es ist dies insbesondere bei den Muskelzellen der Fall. *Es können aber auch Kohlehydrate in Fett umgewandelt werden* und so Reserven bilden. Fett selbst wird, soweit es nicht sonstwie benötigt wird, in besonderen Zellen, den *Fettzellen*, abgelagert. *Nur Eiweiß vermögen wir nicht in irgendwie größerem Ausmaße als solches zu speichern, wohl aber können Teile davon auf Vorrat gelegt werden.* Rasch wird der Überschuß an Eiweißbausteinen der stickstoffhaltigen Gruppe — Aminogruppe (vgl. S. 61) — beraubt — auch ein sehr komplizierter Vorgang! Der dann noch verbleibende Rest kann zur Bildung von Zucker dienen, oder aber es werden Beziehungen zu anderen stickstofffreien Verbindungen geknüpft. So kommt es, daß unser Organismus unter normalen Verhältnissen stets gewisse Vorräte an Bau- und Energiematerial besitzt.

In sehr interessanter Weise wird ein Teil der Fettlager in mehrfacher Hinsicht verwertet. An manchen Körperstellen bildet Fettgewebe einen mechanischen Schutz — ein Polster —, z. B. in den Handflächen usw.

Der Augapfel bewegt sich in einer Art von aus Fett gebildeter Gelenkpfanne. Dieses mechanisch beanspruchte Fett wird in Fällen von Not lange zäh festgehalten. Dasjenige Fettgewebe, das in unsere Haut eingebaut ist, ist ein besonders wichtiger Faktor im System der Wärmeregulation, und zwar insofern, als es als schlechter Wärmeleiter vor Verlust an Wärme schützt. Von dieser Erkenntnis aus verstehen wir, wie gering geschützt der Unbemittelte bei Kälte dasteht. Ihm fehlt auf der einen Seite der „Fettmantel" und dazu außerdem noch die zum Schutze gegen Wärmeverluste erforderliche Kleidung, während sehr oft der Allzufette sich in einem dicken Pelzmantel einzuhüllen vermag!

Während ein gewisses Maß von Fett in mehrfacher Beziehung von großem Werte ist, bedeutet ein Zuviel davon eine mehr oder weniger große Störung. Leider zeigen nicht wenige Menschen einen mehr oder weniger großen Mastzustand. Nun wissen wir, daß der gesamte Stoffwechsel unter der Herrschaft eines bestimmten Nervensystems steht, nämlich des *sympathischen* und *parasympathischen* (früher *vegetatives Nervensystem* genannt). Es untersteht nicht unmittelbar unserem Willen. Außerdem wirken bestimmte Organe an der Regulierung des Stoffwechsels durch Aussendung von *Hormonen* mit. So bildet der *Hirnanhang* (*Hypophyse*) solche Sendboten. Es hat ferner die *Schilddrüse* einen großen Einfluß auf das Ausmaß an Stoffwechselprozessen in den Zellen (vgl. hierzu S. 40). Auch andere Hormonorgane wirken mit. Besonders bedeutungsvoll ist der Einfluß von nervösen

Stoffwechselzentren. Sie finden sich vor allem im *Zwischenhirn*. Alle diese Systeme arbeiten nicht für sich, vielmehr in feinstem Zusammenspiel zusammen. Wir kennen nun Störungen derartiger Systeme, die zu *Fett-* oder auch zu *Magersucht* führen. Im Falle einer durch solche bedingten Fettsucht läßt sich durch eine entsprechende Auswahl an Nahrungsmitteln (Qualität und Quantität) nicht viel erreichen. Hier muß die Ursache der Störung aufgeklärt werden. In anderen Fällen ist jedoch die Fettsucht eine sog. *alimentäre*, d. h. durch das Zuviel an Nahrung bedingte, also eine richtige Mast! Dazu kommt nun noch, daß in der Regel wenig körperliche Arbeit geleistet und damit der Verbrauch an Energie und zugleich an Energiespendern eingeschränkt wird. Je größer der Fettvorrat wird, um so geringer wird zumeist die Neigung zu körperlichen Anstrengungen, und so vermehrt sich das Fettgewebe immer bedrohlicher. Gewaltig groß werden mehr und mehr die Ansprüche, die an das Herz gestellt werden. Jede Fettzelle muß mit dem allgemeinen Blutkreislauf in Beziehung gebracht werden, um ihre Funktionen erfüllen zu können. Es wird so das Blutgefäßsystem immer mehr erweitert. Nun weiß jedermann, der in die Notwendigkeit versetzt wird, z. B. einer Schrebergartenanlage Wasser zuzuführen unter Berücksichtigung der Anzahl der für jeden Garten notwendigen Seitenzweige des Hauptrohres, wie sorgfältig die Weite der Rohrsysteme berechnet werden muß, damit bei bestimmtem Wasserdruck ausreichend Wasser für jede Zapfstelle zur Verfügung steht. Man kann nicht nach Belieben neue Anschlüsse erstellen! In unserem Organismus liegen die Verhältnisse nicht anders. Neue Blutgefäßgebiete bedeuten eine Mehrbelastung der Herzarbeit. Dazu kommt nun noch, daß der Fettsüchtige eine schwere Last — eben sein Fettgewebe — zu tragen hat. Diese Art von Fettsucht kann vermieden werden! Sie ist, wie gesagt, die Folge einer zu reichlichen Ernährung, in der Regel verbunden mit mangelhafter körperlicher Bewegung. Es ist für den Stand der Gesundheit eines Volkes nicht gleichgültig, ob die Zahl derartiger Menschen groß oder klein ist. Die Arbeitsfähigkeit leidet, wie erwähnt, ganz wesentlich unter der Fettsucht. Dazu kommt, daß Fettsüchtige zumeist kein hohes Alter erreichen. Immer müssen wir beim Problem des Fettansatzes uns daran erinnern, daß Fett nicht nur aus Fett der Nahrung stammt, vielmehr auch aus Kohlehydraten hervorgeht.

Der Kohlehydratumsatz bietet ein besonders schönes Beispiel zum Kennenlernen all der zahlreichen Einrichtungen, die eingreifen, um das Stoffwechselgeschehen in ganz bestimmten Bahnen zu halten. Wir erwähnten, daß die Leber Kohlehydrate zu speichern vermag. Ihr Vorrat an Glykogen steht den gesamten Organen auf Abruf zur Verfügung! Es sind insbesondere die Muskelzellen, die Zucker nachbeziehen, wenn sie in Tätigkeit und die eigenen Vorräte erschöpft sind. Es hat sich herausgestellt, daß sie die für ihre Arbeitsleistung erforderliche Energie in der Hauptsache aus Kohlehydraten beziehen. Wir besitzen tiefe Einblicke in den stufenweisen Abbau des Zuckers in der Muskelzelle. Wir wissen, daß dabei verschiedenartige Zwischenstufen auftreten, die mannigfacher Verwandlungen fähig sind. Jede einzelne dieser Verbindungen steuert in gewissem Sinne die Abbauvorgänge, und zwar zunächst insofern, als sie alle Glieder einer Kette von Reaktionen darstellen. Die Bildung der einen Verbindung hat diejenige anderer zur Voraussetzung, und sie selbst ist wieder Ausgangspunkt für bestimmte Umwandlungen. Interessanterweise greift beim Kohlehydratumsatz Phosphorsäure ein. Sie spielt im Muskelstoffwechsel eine gut bekannte, unentbehrliche Rolle. Es sind nicht nur Angehörige bzw. Abkömmlinge von Kohlehydraten, die bei der Energielieferung für Muskelarbeit eine Rolle spielen, vielmehr greifen noch andere Verbindungsarten ein (Kreatinphosphorsäure, Nukleotide bestimmter Art usw.). Kompliziert zusammengesetzte Fermentsysteme wirken mit. Unter anderem kommt es zur Bildung von *Milchsäure.* Diese wird zum Teil dem Blute übergeben. Leberzellen fangen solche ab und bauen aus ihr wieder Glykogen auf. So wird immer wieder ein Teil des Energiemateriales unter Aufwand von Energie zurückgewonnen. Wir erblicken in dieser Einrichtung eine Maßnahme, die der Einsparung von Energie und Material dient. Nichts kann eindringlicher aufzeigen, wie unrichtig es ist, von der „Verbrennung“ von Kohlehydraten im Muskel zu sprechen, als ein Blick auf das so mannigfaltige Geschehen in der tätigen Muskelzelle. Wir erhalten beim eigentlichen Verbrennungsvorgang Kohlensäure und Wasser aus Zucker.

Auch im Muskel werden diese Produkte im Verlaufe des Kohlehydratumsatzes gebildet, jedoch in ganz anderer Art, als wenn wir z. B. Zucker auf einem Platinblech verkohlen und schließlich vollständig in die Verbrennungsprodukte überführen. Die Zelle kann dadurch, daß sie jeden einzelnen Stoff stufenweise abbaut, den vorhandenen Energievorrat in feinster Weise einteilen. Es wird auch die Energie stufenweise in Freiheit gesetzt!

Ohne jeden Zweifel haben alle im Zellstoffwechsel auftretenden Verbindungen eine bestimmte Aufgabe zu erfüllen. So wissen wir, daß im Moment der Anspannung von Muskeln große Umstellungen in unserem Organismus vor sich gehen. Wir merken das an der rascheren und tieferen Atmung bei Muskelarbeit. Fühlen wir den Puls, dann bemerken wir, daß die Pulszahl erhöht ist. Das deutet auf gesteigerte Herztätigkeit hin. Es gilt, den tätigen Zellen ausreichend Sauerstoff und sonstige Nahrungsstoffe zuzuleiten und ferner Stoffwechselzwischen- und -endprodukte wegzuführen. Dazu ist nun noch notwendig, daß, damit die Durchblutung eine gesteigerte wird, die Blutgefäße eine Erweiterung erfahren. Nun besitzen diese eine von bestimmten Nerven versorgte Muskulatur. Diese veranlassen die Erweiterung. Wir sprechen von „Gefäßreflexen“. Zugleich bemerkt man, daß im tätigen Muskel viel mehr Blutkapillaren vorhanden sind als im ruhenden. Das bedeutet, daß im Ruhezustand viele davon nicht geöffnet und damit aus dem Blutkreislauf ausgeschaltet sind. Bei allen diesen Vorgängen spielt das Nervensystem eine große

Rolle, daneben greifen jedoch auch an Ort und Stelle Stoffwechselzwischenprodukte ein, die für eine Erweiterung und Vermehrung der Blutbahn sorgen. Angedeutet sei, daß im tätigen Muskel gebildete Stoffe ganz offensichtlich, in der Blutbahn abgeführt, auf die Herztätigkeit einwirken und diese auf das erforderliche Maß einstellen. So greifen viele Mechanismen ein, um dem Muskel seine Tätigkeit zu ermöglichen. Sie müßte jedoch nach Verbrauch der vorhandenen Energievorräte unweigerlich zum Stillstand kommen, wenn nicht für Zufuhr von Energiematerial gesorgt wäre. Nun bezieht der Muskel u. a. Traubenzucker aus dem Blut. Infolgedessen müßte dieses mehr und mehr an diesem verarmen. Da das nicht der Fall ist, muß ein Zufluß an Zucker vorhanden sein. Der direkte Versuch hat nun gezeigt, daß es Leberzellen sind, die Glykogen abbauen und den gebildeten Traubenzucker dem vorbeiströmenden Blut übergeben. Bei Muskelarbeit sinkt der Gehalt der Leber an Glykogen.

Diese Feststellungen, so interessant sie an sich auch sind, befriedigen den Forscher nicht. Er will wissen, woher die Leberzellen erfahren, daß Muskelzellen Traubenzucker benötigen. Ferner fällt auf, daß immer nur so viel Zucker von der Leber abgegeben wird, als erforderlich ist, um den normalen Gehalt des Blutes an ihm aufrechtzuerhalten. Die einfachste Annahme wäre, daß der Blutzuckergehalt von sich aus regelnd eingreift. Ein gewisses Absinken an solchem infolge Übergang in Muskelzellen könnte den Glykogenabbau anregen. So einfach liegen die Verhältnisse nun nicht. Es machen sich offensichtlich Nerveneinflüsse und solche von Hormonen geltend. Wir wissen, *daß das Mark der Nebennieren einen Stoff hervorbringt, genannt Adrenalin* (*ein Brenzkatechinderivat*), *der den Zuckergehalt des Blutes zu erhöhen vermag, und zwar auf Kosten des Glykogens der Leber. In der Bauchspeicheldrüse sind ferner besondere Zellen vorhanden* (inselartig im übrigen Gewebe zerstreut, deshalb *Inselzellen* genannt), *die ein Hormon erzeugen, genannt Insulin* (insula, die Insel), *das den Blutzuckergehalt zu senken imstande ist.* Versagt die Bildung des Insulins, dann ist der Gehalt des Blutes an Zucker ständig erhöht. Die Folge davon ist, daß die Niere solchen ausscheidet. Der Harn wird zuckerhaltig. Durch Zufuhr von Insulin können wir diesen Zustand bessern. Bekanntlich gibt es nicht wenige Menschen, bei denen der Inselapparat der Bauchspeicheldrüse versagt. Es entsteht ein sehr schwerer Krankheitszustand, nämlich der *Diabetes mellitus* (*Zuckerharnruhr*). Es bedeutet einen besonders großen Triumph der Wissenschaft, daß es gelungen ist, wenigstens einen maßgebenden Faktor für dessen Entstehung aufzufinden. Seitdem die kanadischen Forscher MACLEOD, BANTING und BEST das Insulin entdeckt und seine Eigenschaften festgestellt haben, bedeutet der Diabetes mellitus für die mit dieser Störung Behafteten nicht mehr das so schwere und zugleich mit steter Lebensgefahr verknüpfte Leiden, wie das früher der Fall war. *Es ist naheliegend, an ein Wechselspiel zwischen Adrenalin und Insulin bei der Aufrechterhaltung des Blutzuckergehaltes zu denken.* Die feineren Mechanismen eines solchen sind jedoch noch nicht aufgeklärt. Schließlich sei noch kurz gestreift, daß, wie S. 109 erwähnt, Zucker auch von bestimmten Eiweißbausteinen aus gebildet werden kann. *Der Zufluß an solchem aus dieser Quelle ist wiederum auf das feinste geregelt. Insulin hemmt ihn, während ein Stoff des Gehirnanhanges (Hypophyse) ihn fördert.* Fällt das erstere Hormon fort, dann erhält der Hypophysenstoff die Oberhand. So kommt es, daß beim Diabetes mellitus, bei dem der Zuckerumsatz an sich gestört ist, besonders viel Zucker gebildet wird. Das verstärkt die ganze Störung. Man muß bei einer solchen sofort anfangen, zu rechnen! Nehmen wir an, daß jemand im Tage 100 g Traubenzucker mit dem Harn abgibt, dann bedeutet das einen Ausfall von 400 Kilogrammkalorien (1 g Zucker liefert rund 4 Kilogrammkalorien). Nun verstehen wir, weshalb der an Diabetes mellitus Leidende beständig Hunger hat, infolgedessen viel ißt und trotzdem über mangelhafte körperliche Leistungsfähigkeit klagt.

Obwohl es nicht möglich ist, ohne ein Eingehen auf die feineren Mechanismen der Zellstoffwechselvorgänge, der so mannigfaltigen Funktionen des Nervensystems, der Leistungen der Hormonorgane, des so eindrucksvollen Zusammenspiels zwischen Atmung und Kreislauf usw., ein einigermaßen der Wirklichkeit entsprechendes Bild vom Zellgeschehen zu geben, erscheint es mir doch wichtig, im Zusammenhang mit dem Problem der Ernährung wenigstens einen kleinen Einblick in die mannigfaltigen, miteinander in Wechselbeziehungen stehenden Vorgänge zu vermitteln. Es wird dann verstanden werden, was eine geordnete Verdauung der Nahrungsstoffe für den Zellstoffwechsel bedeutet. Dieser kann in seiner Mannigfaltigkeit an Einzelvorgängen nur dann ungestört durchgeführt werden, wenn jahraus, jahrein den Geweben fortlaufend immer die gleichen Produkte zugeführt werden. Der Zellstaat jenseits der Darmwand ist ein in sich geschlossener. In ihm hat jede Zellart Sonderaufgaben. In großartigster Weise enthüllt sich vor unseren Augen die Einzelleistung im Rahmen einer Gesamtheit von Funktionen. Die erstere bedeutet für sich allein nichts, sie kommt erst im Rahmen der Leistungen der übrigen Zellen zur Auswirkung. Ungezählte Wechselbeziehungen sind es, die das gesamte Geschehen im Organismus unterhalten. Würde nun nicht Gewähr für ganz bestimmte physikalische Momente, wie Reaktion, osmotischer Druck, elektrische Ladung usw. gegeben sein, dann wären all die so feinen, von sehr empfindlichen Fermentsystemen geleiteten chemischen Vorgänge nicht denkbar. Das, was Zellgeschehen so weitgehend von Vorgängen in der unbelebten Natur unterscheidet, das sind die von sich aus unausgesetzt eingreifenden Regulationen. Droht z. B. eine Verschiebung der Reaktion nach der sauren Seite, dann erfolgt sofort eine Zurückführung zu jener Reaktion, die für bestimmte Zellvorgänge die beste ist. Viel mehr, als man gemeinhin annimmt, dürften Zellen durch die Einstellung bestimmter Reaktionen bestimmte Vorgänge fördern und andere hemmen.

Wir könnten vom Fett- und Eiweißstoffwechsel Ähnliches berichten wie vom Kohlehydratumsatz. Immer gehen die eigentlichen Stoffwechselvorgänge von den Bausteinen der einzelnen Nahrungsstoffe aus. Bei den Fetten sind es die Fettsäuren und das Glyzerin, und bei den Eiweißstoffen die Aminosäuren, von denen aus Energie erschlossen und ferner Verbindungen bestimmter Art mit wichtigen physiologischen Funktionen erzeugt werden. Wir wollen es jedoch damit bewenden lassen, darauf hinzuweisen, daß aus Eiweißbausteinen bestimmter Art Hormone hervorgehen. So werden ohne Zweifel *Adrenalin*, *3,5-Dijod-tyrosin* und *Thyroxin* (beides Sendboten der Schilddrüse) von der Aminosäure *Tyrosin* aus gebildet. *Insulin ist ein Eiweißkörper.* Es verliert seine Wirkung, wenn es z. B. durch Fermente abgebaut wird (daher kommt es, daß man dieses Hormon nicht einnehmen kann, vielmehr wird es unter Umgehung des Verdauungsapparates eingespritzt).

Wir haben schon S. 109 erwähnt, daß Aminosäuren, die nicht als Baumaterial zur Bildung von bestimmten Eiweißstoffen oder zur Überführung in bestimmte Verbindungen gebraucht werden, unter anderem so zum Abbau kommen, daß die Aminogruppe (vgl. hierzu S. 61) in Form von Ammoniak zur Abspaltung kommt. Aus diesem geht dann Harnstoff hervor. Etwas Ammoniak kann je nach Bedarf zur Neutralisierung von Säuren Verwendung finden. Auf eine unzweifelhaft vorhandene Lücke in unseren Kenntnissen sei an dieser Stelle hingewiesen. Wir kennen bei weitem noch nicht alle Verwendungsweisen von Aminosäuren im Zellstoffwechsel. Gewiß kommen ihnen viel mehr wichtige Funktionen zu, als wir zur Zeit kennen.

An dieser Stelle wollen wir nochmals betonen, wie groß die synthetischen Fähigkeiten unseres Organismus sind. Wir können nicht nur Zucker aus bestimmten Aminosäuren bilden und Fett aus Kohlehydraten, vielmehr kommt es sogar zur Synthese ganz kompliziert gebauter Ringsysteme. So wird ganz offensichtlich jene so bedeutungsvolle Stoffgruppe, die unter der Bezeichnung *Sterine* zusammengefaßt worden ist, in bestimmten Zellen aufgebaut. Lange Zeit kannte man nur den einen Vertreter dieser Stoffklasse als unserem Organismus zugehörig, nämlich das *Cholesterin*. Es enthält eine Alkoholgruppe, die mit einer Fettsäure verestert sein kann. Ferner wußte man, daß Anteile von *Gallensäuren* in Beziehung zur Steringruppe stehen. Jetzt ist bekanntgeworden, daß *die Geschlechtsdrüsen Hormone hervorbringen, die Sterine sind. Ferner baut die Nebennierenrinde derartige Verbindungen zu Sendboten auf.*

Nochmals sei daran erinnert, daß bestimmte Vita mine (B_1 und B_2) Anteil an der Bildung von bestimmten Fermentsystemen nehmen (vgl. hierzu S. 82) und so unmittelbar in wichtigstes Zellgeschehen eingreifen. Ferner sei darauf aufmerksam gemacht, daß Fermente, Hormone und Vitamine sämtlich in kleinen Mengen wirksam sind. Man hat sie *Biokatalysatoren* genannt. Es ist möglich, daß eine Betrachtung der Wirkung aller dieser Stoffe vom Gesichtspunkt der Katalyse aus gerechtfertigt ist, es ist jedoch auch denkbar, daß man durch eine solche Annahme Schranken aufrichtet. Wir müssen, solange unsere Kenntnisse noch lückenhaft sind, uns frei von jeder Voreingenommenheit halten. Es herrscht allzusehr das Bedürfnis nach schematischer Einordnung alles biologischen Geschehens, und vor allem ist der Drang groß, alles durch Namengebung festzulegen. Das ist ein ganz wesentlicher Grund, weshalb es dem der Forschung Fernerstehenden so schwer gemacht wird, ihren Fortschritten zu folgen. Vielfach ist eine Bezeichnung nur ein Deckmantel für unvollkommenes Wissen.

Die quantitative Betrachtung des Stoffwechsels.

Vorbemerkungen.

Wir haben bislang die für unsere Ernährung erforderlichen Nahrungsstoffe und ihr Verhalten im Organismus kennengelernt. Nicht erfahren haben wir, *in welchen Mengen wir sie zuführen müssen, um eine vollwertige Ernährung zu gewährleisten.* So einfach das Problem der quantitativen Seite des Ernährungsproblems zu sein scheint, so schwierig ist, es in allgemeiner Form zu beantworten. Zunächst ist zu bemerken, daß die Verhältnisse beim wachsenden Individuum aus naheliegenden Gründen ganz anders liegen als beim erwachsenen. Bei diesem finden sich wiederum Unterschiede je nach dem Alter. Im Greisenalter z. B. bemerken wir einen allgemeinen Rückgang des Stoffwechselgeschehens. Bleiben wir beim gesunden Individuum, dann ergeben sich weitere Unterschiede je nach den vorhandenen Außenfaktoren (Klima usw.). Wiederum besondere Verhältnisse schafft die Art der Betätigung. Es leuchtet uns ohne weiteres ein, daß derjenige, der schwerste Muskelarbeit vollbringt, einen größeren Nahrungsbedarf hat als derjenige, der in sitzender Lebensweise irgendwelche geistige Leistungen vollbringt. Es wäre jedoch ein Irrtum, wollte man den Nahrungsbedarf, wie es vielfach angestrebt worden ist, nach Berufsarten abschätzen. Wir müssen das gesamte Tageswerk des Menschen kennen, für den wir den Bedarf an Nahrung angeben sollen. So kann jemand in seinem Beruf wenig körperliche Arbeit leisten, jedoch in seiner Freizeit sehr viel (Sport, Kleingärtner usw.). Einfacher liegen die Verhältnisse, wenn es sich darum handelt, Personen zu ernähren, die gemeinsam dasselbe leisten und unter gleichen Bedingungen leben. Das ist z. B. bei den Soldaten der Fall.

Die allgemeine Erfahrung zeigt, daß der Stoffwechsel individuelle Unterschiede aufweist. Wir können sie zum Teil in Gestalt bestimmter Stoffwechselprodukte erfassen. An dieser Stelle denken wir insbesondere an den verschiedenen „Anschlagwert" der Nahrung. Wir bemerken, daß gleich ernährte Individuen verschieden reagieren. Das eine bleibt schlank, das andere neigt zu Ansatz. Im allgemeinen finden wir, daß das erwachsene Individuum etwa vom 30. Lebensjahr an (es finden sich in dieser Hinsicht erhebliche individuelle Unterschiede) trotz erheblichem Wechsel in der Zusammensetzung der Nahrung und ihrer Menge über Jahrzehnte hindurch ein in engen Grenzen gleichbleibendes Körpergewicht aufweist. Auch dieser Befund ist ein Ausdruck für ausgezeichnet funktionierende Stoffwechselregulationen.

Es gibt ein altes Sprichwort, das unvergänglichen Wert hat. Es lautet: *Der Hunger ist der beste Koch.* Im übertragenen Sinne kann man zum Ausdruck bringen, daß derjenige, der körperliche Arbeit leistet, seine Ernährung, sofern die entsprechende Nahrung zur Verfügung steht, vom Hungergefühl aus regelt. Es meldet sich das Bedürfnis nach Nahrung. Es wird befriedigt. So ist im allgemeinen für den körperlich Tätigen die Ernährung kein Problem. Es entwickelt sich erst dann, wenn der freie Bezug von Nahrungsmitteln beschränkt ist, oder wenn es gilt, eine größere Anzahl von Menschen gemeinsam zu ernähren. Man hört oft sagen, daß die Menschheit ohne Kenntnis der Ergebnisse von Laboratoriumsarbeit Jahrtausende hindurch in Wohlbefinden gelebt hat. Man weist ferner auf die frei lebenden Tiere hin, die von ihrem Instinkt geleitet, die für sie am bekömmlichste Nahrung auswählen und sie in geeigneten Mengen aufnehmen. Man vergißt dabei, daß die gewaltig angewachsene Bevölkerung und ihre teilweise Zusammendrängung auf engen Raum (Städte) besondere Anforderungen an die Nahrungsbeschaffung stellen. Wertvollste Nahrungsmittel, wie Gemüse usw., sind leider nicht unbegrenzt haltbar. Es muß in vielen Fällen Ersatz geschaffen werden. Es entsteht dann die Frage, ob die von natürlichen Verhältnissen sich mehr oder weniger entfernende Ernährung eine ausreichende ist. Mit Nachdruck muß eines betont werden, nämlich, daß *der Hinweis auf Gewohnheiten in der Ernährung im Sinne des Beweises ihrer Vollwertigkeit nicht so selten fehl geht.* Ein geradezu klassisches Beispiel bietet der geschliffene Reis als Nahrungsmittel weiter Bevölkerungskreise in Holländisch-Indien, Japan, China usw. dar. Obwohl einwandfrei erkannt ist, daß die Entstehung der Beriberi in Zusammenhang mit diesem Nahrungsmittel steht — sofern es einen Hauptteil der gesamten Ernährung darstellt —, macht die Verhütung dieser so schweren Krankheit nur langsame Fortschritte, und zwar vornehmlich deshalb, weil die betreffenden Völker nicht von der altgewohnten Nahrung lassen wollen. Das gleiche ließe sich von der Pellagra und ihren Beziehungen zur Maisnahrung (z. B. der Polenta) sagen. Hier hat der Weltkrieg vielerorts Wandel geschaffen. Die zwangsbedingte andere Ernährung hat geheiligte Gewohnheiten beseitigt. Wir haben auch in Deutschland ohne Zweifel noch schwere Schädigungen durch bodenständige Ernährungsgewohnheiten. Es sei in dieser Hinsicht z. B. auf die Gewohnheit hingewiesen, in größeren Mengen Zuckerrübensaft auf Brot usw. zu genießen. Abgesehen von örtlichen Schäden — an Zähnen durch Hängenbleiben von Nahrungsresten — kann namentlich bei Kindern durch einseitige Bevorzugung eines bestimmten Nahrungsstoffes — im vorliegenden Falle des Rohrzuckers — ein Sättigungsgefühl entstehen, wodurch die Aufnahme weiterer Nahrung eingeschränkt wird. Es hat vor vielen Jahren GUSTAV BUNGE eine Broschüre herausgegeben, in der die Frage diskutiert wurde, ob der Genuß von Zucker unschädlich sei. BUNGE bezeichnete unter Verneinung dieser Frage den Zucker geradezu als Gift! Diese Stellungnahme erregte großes Aufsehen und führte zu leidenschaftlicher Ablehnung. In der Tat ist der Zucker ein sehr wertvoller Nahrungsstoff. Und dennoch hatte BUNGE von den von ihm angeführten Gesichtspunkten aus recht. Er beantwortete die gestellte Frage nur für das Kind. Er wies darauf hin, wie sehr der wachsende Organismus auf Baustoffe aller Art angewiesen sei. Alle Gewebe wachsen. Es müssen Knochen gebildet werden usw. Ein Mangel an einzelnen Nahrungsstoffen, wie z. B. an Phosphorsäure, an Kalzium usw., muß zu Störungen im Knochenwachstum führen. Wenn nun ein Kind viel Zuckerzeug aufnimmt, dann wird es sich unter Umständen entsprechend weniger von jenen Nahrungsmitteln zuführen, in denen alle für das Wachstum erforderlichen Nahrungsstoffe enthalten sind.

Die Sorge um eine die Gesundheit fördernde Ernährung findet sich vor allem bei jenen Bevölkerungskreisen, bei denen der Regulator Hunger mehr oder weniger fehlt. Mangelnde körperliche Betätigung läßt häufig zur Zeit der gewohnheitsgemäß erfolgenden Mahlzeit kein eigentliches Hungergefühl aufkommen. Der Appetit muß in gewissem Sinne künstlich angeregt werden. Hierzu dienen Würzen aller Art, gefällige Zurechtmachung der Speisen, das Decken des Tisches, der Blumenschmuck

— kurz, es soll alles gefördert werden, was Wohlbehagen verursacht und Ärger und Verdruß fernhält. In Kreisen, die auf solche Reize angewiesen sind, entsteht vornehmlich die Frage, ob eine Nahrung bekömmlich ist, ob sie ausreicht u. dgl. m. Der wirklich Hungrige mäkelt nicht an der Nahrung herum. Sie bekommt ihm ohne besondere Reizstoffe! Wie herrlich schmeckt doch z. B. das einfachste Mahl aus dem Rucksack, wenn eine tüchtige körperliche Leistung vorausgegangen ist! Ganz von selbst bricht man mit der Nahrungszufuhr ab. Man will ja noch weiterklettern und weiß, daß ein zu voller Magen dabei hinderlich ist. Ganz anders liegen die Verhältnisse bei der Aufnahme von Nahrung ohne entsprechende Anregung vom Hungergefühl aus. Bald ist die Nahrungsaufnahme unzureichend, weil sie nicht schmeckt, bald wird viel zuviel gegessen, weil es schwerhält, eine besonders gut schmeckende Speise stehenzulassen. In diesem Zusammenhang sei noch eines wichtigen Momentes gedacht. Es ereignet sich insbesondere bei Kindern leicht, daß sie hungrig aus der Schule kommen, und es nicht erwarten können, bis zum Essen gerufen wird. Um den „ärgsten“ Hunger zu beschwichtigen, erhalten sie nun vielfach einen kleinen Happen zu essen. Die Folge davon ist sehr oft, daß nunmehr der Appetit auf weitere Nahrungsaufnahme nachgelassen hat. Es wird erheblich viel weniger verzehrt, als es der Fall gewesen wäre, wenn zwischendurch keine Nahrungsaufnahme erfolgt wäre. Wichtig ist ohne Zweifel die Einhaltung bestimmter Zeiten für die Nahrungszufuhr. Es stellt sich dann der Organismus sehr bald auf diese ein. Die Zeiten zwischen den Mahlzeiten müssen ausreichend groß sein, um zu verhindern, daß die Einrichtungen des Verdauungskanales zu sehr beansprucht werden. Sie dürfen auch nicht zu nahe an die Schlafenszeit herankommen.

Wir wollen mit voller Absicht dem folgenden, etwas heiklen Gebiet nicht aus dem Wege gehen. *Es ist dies das in weiten Kreisen der Bevölkerung vorhandene Mißtrauen gegen die Ergebnisse der wissenschaftlichen Erforschung der Ernährung.* Man verneint vielfach die Möglichkeit der Übertragung von bei Laboratoriumsversuchen gewonnenen Befunden auf das praktische Leben. Man darf derartige Einwände nicht einfach übergehen. Man kann dem Ernährungs- und Stoffwechselversuch entgegenhalten, daß er vielfach unter Bedingungen verläuft, die in der Praxis nicht vorhanden sind. Dieser Einwand hat in mancher Hinsicht Berechtigung, jedoch nur insofern, als bei der Mitteilung von bei Versuchen gemachten Erfahrungen nicht ausdrücklich bemerkt wird, unter welchen Bedingungen sie durchgeführt worden sind. Jede gedankenlose Verallgemeinerung von unter ganz bestimmten Verhältnissen erhobenen Befunden muß zu Irrtümern führen. Bei kritischer Würdigung aller in Frage kommenden Momente ergibt die Laboratoriumserfahrung wichtigste Grundlagen zur Lösung von Ernährungsfragen rein praktischer Art.

Richtig ist der Einwand, daß vielfach Forschungsergebnisse von größter theoretischer Tragweite unter

Verkennung ihrer Bedeutung für den speziellen Fall unrichtig ausgedeutet worden sind. So hat man den Wert bestimmter Eiweißstoffe für die Unterhaltung des Wachstums oder die Erhaltung des Körpergewichtes und das Wohlbefinden von Tieren untersucht. Die Versuchsanordnung solcher *Fütterungsversuche* ist eine sehr einfache. Die Tiere erhalten ein bestimmtes Futter zu beliebiger Aufnahme. Man kontrolliert fortlaufend ihr Aussehen und ihr Gewicht. Erweist sich ein bestimmter Eiweißkörper als unzureichend, dann kann man andere zusetzen oder aber auch bestimmte Eiweißbausteine. So hat man z. B. gefunden, daß ein Haupteiweißstoff des Getreidemehles, das in Alkohol lösliche *Gliadin*, ein unzureichender Eiweißstoff ist. Man spricht in einem solchen Fall von einer *biologischen Minderwertigkeit.* Es wäre nun völlig verkehrt, aus dieser Erfahrung heraus das Brot deshalb, weil in dem zu seiner Gewinnung verwendeten Mehl Gliadin enthalten ist, als ein minderwertiges Nahrungsmittel zu bezeichnen! Uns interessiert für die Praxis ganz und gar nicht, ob der genannte Eiweißkörper biologisch wertvoll oder nicht wertvoll ist, wir wollen vielmehr wissen, ob das Gemisch von Eiweißstoffen, das wir im Brot aufnehmen, ausreicht, um die Ernährung vollkommen zu gestalten. Ja, nicht einmal diese Frage ist die brennendste, vielmehr interessiert uns, welchen Wert das Brot als Nahrungsmittel mit anderen zusammen hat, denn wir nehmen ja nicht nur jenes als Quelle von Eiweiß auf. Hier kommt uns nun das zu Hilfe, was wir S. 66 erörtert haben. Wir erfuhren dort, daß zur Aufnahme durch die Darmwand nicht Eiweißstoffe kommen, sondern die aus ihnen hervorgehenden Aminosäuren. Wenn nun einem Eiweißkörper der eine oder andere Baustein fehlt, dann stört das nicht, weil von anderen dieser geliefert werden kann. Schließlich erhält dann der Organismus doch alle für ihn notwendigen Eiweißbausteine zugeführt.

Besonders viel Staub aufgeworfen hat die Entdeckung der Vitamine. Sie wirkte auf weite Kreise geradezu sensationell. Jede Mitteilung über Vitamine wurde gierig aufgenommen. Die ersten Berichte lauteten, daß manche Vitamine durch Kochen, Backen u. dgl. vernichtet werden. Es erschien die Gefahr einer zu geringen Vitaminzufuhr außerordentlich groß. Man überdachte nicht, daß bis zur Entdeckung der Vitamine auch Menschen gelebt hatten und alt geworden waren! Allmählich merkte man, daß die Vitamine in den Nahrungsmitteln selbst nicht so empfindlich sind, wie man zunächst annahm. Dann ergaben sich erneut Aufregungen wegen der Mengen an den einzelnen Vitaminen, die unbedingt erforderlich sind, um den normalen Ablauf des Stoffwechsels sicherzustellen. Vor allem machte das Vitamin C große Sorgen. 50 und mehr Milligramm davon sollten unerläßlich sein. Ja, woher diese Menge täglich nehmen? Nun stellt sich mehr und mehr heraus, daß die Forderung von 50 mg Vitamin C pro Tag übertrieben ist. Es genügen offenbar geringere Mengen, ja man rechnet jetzt mit der Möglichkeit einer Bildung von Vitamin C auch in unserem Organismus, zum mindesten kann offenbar die dehydrierte Verbindung wieder hydriert werden. Es ist durchaus verständlich, daß Angaben der obengenannten Art, die dann mit der Zeit korrigiert werden, Unsicherheit erzeugen und Mißtrauen säen. Es ist dringend zu wünschen, daß bei allen Befunden, die im Widerspruch mit Erfahrungen der Praxis stehen, zunächst nachgeprüft wird, worauf dieser beruht.

Einiges über die Methoden der quantitativen Stoffwechselforschung.

Werfen wir nunmehr nach diesen Vorbemerkungen einen Blick auf die *Methoden, die zur Ermittlung des quantitativen Verlaufs des Stoffwechsels dienen.* Sie sind je nach der zu lösenden Fragestellung verschieden. Zunächst interessiert uns ganz allgemein die sog. *Ausnutzung der aufgenommenen Nahrung.* Wir verstehen darunter die Feststellung des Anteils davon, der im Darm liegen bleibt und in Form von Kot diesen verläßt. So einfach und klar die Fragestellung nach dem im Darm resorbierten und nicht aufgenommenen Anteil der Nahrung auch ist, so schwierig ist ihre eindeutige Beantwortung. Zunächst ist zu sagen, daß die im Kot erscheinenden Produkte nicht nur der Nahrung entstammen. Hinzukommen im gesamten Verdauungskanal Verdauungssäfte, die Galle, ferner abgeschilferte Zellen der Oberfläche der Darmwand, Anteile der Darmflora, Sekret der Schleimdrüsen. Manche von diesen Produkten werden von der Darmwand aufgenommen, andere verbleiben jedoch im Kot. Ihre Menge macht an sich im allgemeinen nicht viel aus. *Nun werden jedoch auch Stoffe durch die Darmwand ausgeschieden, die sich im Zellstoffwechsel befunden haben.* So ist insbesondere die *Dickdarmschleimhaut Ausscheidungsstätte für Eisen, Kalzium und Phosphorsäure.* Es scheint, daß das erstere den Körper ausschließlich auf diesem Wege verläßt, während die beiden letzteren zum Teil auch durch die Nieren ausgeschieden werden. Wir können nun je nach der Fragestellung z. B. den Stickstoffgehalt der Nahrung bestimmen und diesem denjenigen des Kotes gegenüberstellen. Das, was übrigbleibt, ist dann im wesentlichen von der Darmwand aufgenommen.

Nun ergibt sich jedoch eine neue große Schwierigkeit! Wie kann man wissen, daß der eben abgegebene Kot jener Nahrung entspricht, deren Ausnutzung man bestimmen will? Es bleibt nichts anderes übrig, als den Kot abzugrenzen. Man macht das so, daß man der Versuchsperson, bevor sie die auf ihre Ausnutzung zu prüfende Nahrung erhält, z. B. Tierkohle eingibt. Nach einiger Zeit verabreicht man dann die Nahrung und etwas später z. B. Karmin. Man kann dann in der Kotsäule die beiden Marken, nämlich die Tierkohle- und Karminschicht, aufsuchen. Was dazwischenliegt, hat Beziehung zur aufgenommenen Nahrung.

Geben wir tierische Produkte, wie Fleisch, Milch, Eier usw., dann beobachten wir, daß die Ausnutzung unter normalen Verhältnissen eine sehr gute ist. Anders liegen die Verhältnisse, wenn Pflanzennahrung aufgenommen wird. Es ist der Gehalt an Zellulose, der die Ausnutzung herabsetzt. Wir haben S. 97 erfahren, daß wir von uns aus mit ihr nichts anfangen können, dagegen sind gewisse Anteile der Darmflora imstande, sie zu lösen. Der Umfang des Zelluloseabbaus durch diese hängt von manchen Momenten ab, wie Zusammensetzung der Darmflora an einzelnen Bakterienarten, Bedingungen des Milieus (Reaktion u. dgl. m.). Auch die Beschaffenheit der Zellulose ist von großer Bedeutung (verholzte und inkrustierte ist schwerer angreifbar). Es ergeben sich erhebliche individuelle Unterschiede in Hinsicht auf die Ausnutzung der pflanzlichen Nahrung. So ist z. B. die Ausnutzung von Vollkornbrot bei verschiedenen Personen verschieden. Bei fortgesetzter Zufuhr von solchem erfolgt eine Art von Anpassung, so daß sie ansteigt (wahrscheinlich durch Vermehrung der Zellulose abbauenden Mikroorganismen).

Will man das Verhalten von Nahrungsstoffen im Organismus quantitativ verfolgen, dann stellt man eine *Bilanz* auf. In der Einnahme steht jener Nahrungsstoff, um den es sich handelt, der Menge nach. So kann man eine Bilanz des Wasserumsatzes aufstellen, eine solche des Eisen-, Kalzium-, Phosphorsäure- usw. -stoffwechsels. Ebenso kann man den Eiweiß-, Kohlehydrat- und Fettstoffwechsel bilanzmäßig erfassen. Der Einnahme stellt man die Ausgabe gegenüber.

Betrachten wir z. B. eine Wasserbilanz! Einnahmen sind: Wassergehalt der aufgenommenen Nahrung und der zugeführten Flüssigkeiten. Ausgaben: Harn, Schweiß, sonstige Wasserverdunstung durch die Haut und jenes

Wasser, das der eingeatmeten Luft beigefügt wird, um sie mit Wasserdampf zu sättigen. Beim Versuch der Aufstellung einer Eisenbilanz würde man das mit der Nahrung zugeführte Eisen bestimmen. Ferner würde man den Gehalt des Kotes an ihm feststellen (der Harn kommt nicht in Frage, vgl. hierzu S. 131). Wie können wir nun wissen, wieviel davon unresorbiert bleibt, wenn solches durch die Dickdarmschleimhaut ausgeschieden wird? Wir müssen offen gestehen, daß sich eine Eisenbilanz nicht aufstellen läßt. Die gleiche Schwierigkeit besteht bei der Kalzium- und Phosphorsäurebilanz. Wohl aber können die Alkalien, das Magnesium, das Jod, Chlor usw. bilanzmäßig erfaßt werden.

Wir führen die erwähnten Schwierigkeiten der Aufstellung einer Eisen-, Kalzium- und Phosphorsäurebilanz nur deshalb an, um zu zeigen, wie unsicher Angaben über den Bedarf an diesen Elementen sind. Man darf niemals vorhandene Lücken in den Forschungsmöglichkeiten verschweigen, man muß sie im Gegenteil ausdrücklich bekanntgeben.

Besondere Methoden werden angewandt, *um den Eiweißstoffwechsel bilanzmäßig zu erfassen.* Die Eiweißstoffe haben in gewissem Sinne zwei Marken, an die wir uns halten können, nämlich den Stickstoff- und Schwefelgehalt. Es wird in der Nahrung der Gehalt an diesen Elementen (in der Regel nur derjenige an Stickstoff) bestimmt. Nun gilt es, den Harn quantitativ aufzufangen. Das gleiche gilt vom Kot. In der Regel umfaßt der Einzelversuch 24 Stunden. Man kennt nun den

Stickstoffgehalt der Nahrung, des Harnes und des Kotes. Da der letztere als nicht aufgenommen zu betrachten ist, wird er von demjenigen der Nahrung abgezogen. Nunmehr vergleicht man den erhaltenen Stickstoffwert mit demjenigen des Harnes. Sind beide gleich (kleine Abweichungen spielen keine Rolle!), dann besteht *Stickstoffgleichgewicht.* Ist im Harn mehr Stickstoff enthalten, als in der Nahrung zugeführt wurde, dann spricht man von einer *negativen Stickstoffbilanz,* im anderen Fall von einer *positiven.* Man wird jedoch erst dann ein endgültiges Urteil über die Stickstoffbilanz abgeben, wenn Beobachtungen über eine größere Zahl von Tagen vorliegen. Kurzfristige Versuche sind völlig wertlos. Sie führen zu Täuschungen. Gesicherter sind die Ergebnisse, wenn man den Schwefelstoffwechsel mit einbezieht.

Nun ist, wie schon S. 109 ausgeführt, der Eiweißstoffwechsel an sich keineswegs mit der Ausscheidung des Stickstoff- und Schwefelanteils erschöpft, vielmehr liefern die Kohlenstoffketten, die verbleiben, schließlich Kohlensäure und Wasser. Diese beiden Stoffwechselendprodukte gehen auch aus dem Fett- und Kohlehydratstoffwechsel hervor. *Wir stellen, um Einblick in die umgesetzten organischen Nahrungsstoffe zu erhalten, dem verbrauchten Sauerstoff die ausgeschiedene Kohlensäuremenge gegenüber und bilden einen Quotienten* CO_2/O_2, genannt *respiratorischer Quotient.* Er ist bei ausschließlichem Verbrauch von Kohlehydraten gleich 1, dagegen beim Eiweiß- und Fettabbau bis zu CO_2 und H_2O = 0,8 bzw. 0,7. Ein Blick auf jene Verbindungen, von denen aus der stufenweise Abbau bis zu den genannten Endprodukten ausgeht, macht diese Zahlen ohne weiteres verständlich. Traubenzucker hat die Formel $C_6H_{12}O_6$. Wir können uns nun rein rechnerisch vorstellen, daß $H_{12}O_6$ 6 H_2O liefert. Für die Überführung der 6 C in 6 CO_2 sind 6 O_2 erforderlich, somit ist $6\,CO_2/6\,O_2 = 1$. Betrachten wir hingegen die Stearinsäure, den Baustein von Fetten, $C_{18}H_{36}O_2$, dann erkennen wir ohne weiteres, daß viel O_2 erforderlich ist, um sie in CO_2 und H_2O überzuführen.

Zur Verfolgung des Sauerstoffverbrauchs und der Kohlensäureausscheidung benötigen wir besondere Einrichtungen. Wir können z. B. den Sauerstoff aus einem Gasometer zuführen und die abgegebene Kohlensäure mittels Kalilauge oder Natronkalk festlegen. Kennen wir das Gewicht des Sauerstoffbehälters beim Beginn des Versuches und am Schluß, dann wissen wir, wieviel O_2 verwendet worden ist. Durch Wiegen des Gefäßes, in dem die Kalilauge bzw. der Natronkalk enthalten ist, vor und nach dem Versuche, läßt sich die abgegebene Kohlensäuremenge ermitteln. Es sind nach den verschiedensten Prinzipien in großer Anzahl Apparate konstruiert worden, um den Gaswechsel quantitativ zu verfolgen.

Schließlich kann man das gesamte Stoffwechselgeschehen im Organismus auch von der *energetischen Seite* aus erfassen. Einnahme ist dann die in der Nahrung zugeführte Energie und Ausgabe die vom Körper abgegebene: sei es durch Strahlung und Leitung, sei es mit dem Harn, den Fäzes und der ausgeatmeten Luft (sie werden alle körperwarm abgegeben). Schließlich muß auch noch die Wasserverdunstung (von der äußeren Haut und von denjenigen Wegen aus, auf denen den Lungen Luft zugeführt wird) berücksichtigt werden. Endlich müssen wir wissen, wieviel Energie für Arbeitsleistungen verwendet worden ist. Der Energiewechsel wird mittels sehr sinnreich konstruierter Apparate verfolgt.

Es gibt nun noch eine ganz andere Methode, um Einblick in quantitative Verhältnisse der Ernährung zu erhalten. Es ist dies die *Untersuchung bei freigewählter Kost.* Sie ergibt aus naheliegenden Gründen keine exakten Werte, wohl aber erhalten wir auf diesem Wege rasch Einblick in die Ernährungsverhältnisse bei verschiedenen Bevölkerungsschichten, Berufen usw. Man läßt sich jeweilen die Nahrungsmittel zeigen, die für die täglichen Mahlzeiten bestimmt sind. Man wiegt sie einzeln, stellt fest, was an Abfall bleibt und prüft, was von der auf den Tisch gebrachten Nahrung übrigbleibt. Man kann nun an Hand von Tabellen, in denen die Zusammensetzung der Nahrungsmittel an Eiweiß, Fett, Kohlehydraten, Vitaminen, Mineralstoffen angeführt ist, überschlagen, wieviel an Eiweiß, an Fett usw. aufgenommen worden ist. Aus den Werten für die einzelnen organischen Nahrungsstoffe können wir in bekannter Weise den Energiewert der gesamten Nahrung ermitteln.

Der Eiweißbedarf.

Im Mittelpunkt der Sorge um eine ausreichende Ernährung steht das *Eiweiß-* und *Vitaminproblem.* Hin und wieder wird auch die Frage erörtert, ob bestimmte Mineralstoffe, wie Eisen, Kalzium, Phosphorsäure, Jod, in genügender Menge in der Nahrung enthalten sind. Dagegen ist kaum je besondere Aufmerksamkeit auf eine ausreichende Kohlehydrat- und Fettzufuhr verwendet worden, es sei denn, daß man sich Gedanken darüber machte, ob der letztere Nahrungsstoff ausreichende Mengen bestimmter Vitamine (A und D) mit sich führt. Es kommt dies daher, daß die beiden genannten Nahrungsstoffe im wesentlichen als Energiematerial in Frage kommen und sich in weiten Grenzen ihrem Energieinhalt entsprechend vertreten können. Dazu kommt die Möglichkeit des Übergangs von Kohlehydraten in Fett und von Eiweißbausteinen in die ersteren. Schließlich haben wir unter gewöhnlichen Verhältnissen immer Reserven an Kohlehydraten und Fett, so daß nur bei länger andauerndem Nahrungsmangel eine unzureichende Zufuhr an ihnen in Erscheinung tritt.

Wir haben nun schon mehrfach erfahren (vgl. S. 109 und 119), daß die Eiweißstoffe mit ihren mannigfaltigen Bausteinen eine besondere Rolle in unserem Organismus spielen. Nur sie kommen als Baumaterial für die Bildung bestimmter Hormone (z. B. *Insulin, Adrenalin, 3,5-Dijodtyrosin, Thyroxin*) in Frage. Sie allein haben jene Bestandteile in sich, die erforderlich sind, um Zelleiweiß mit seinen besonderen Eigenschaften aufzubauen und jene Proteine zu liefern, die in den Körperflüssigkeiten enthalten sind. Es müssen ferner immer wieder besondere Eiweißkörper für die Abgabe von Sekreten gebildet werden. Schließlich spielen solche von ganz besonders spezieller Struktur als unentbehrliche Anteile von Fermentsystemen eine Rolle. Nicht vergessen wollen wir auch, daß jedes wachsende Haar und jeder sich vergrößernde Nagel Bildung von ganz besonders zusammengesetzten Eiweißstoffen bedeutet, ist doch die *Hornsubstanz* (*Keratin*) Eiweiß! Sind auch die Eiweißmengen, die täglich für die genannten Zwecke Verwendung finden, an sich gering, so fallen sie doch sehr stark ins Gewicht, und zwar insbesondere deshalb, weil alle diese spezifisch gebauten Eiweißstoffe in Hinsicht auf den Gehalt an Aminosäuren vollkommen sind.

Ohne jede Kenntnis vom Aufbau der Eiweißstoffe an einzelnen Aminosäuren war schon erkannt worden, daß eine bestimmte Eiweißmenge durch keinen anderen organischen Nahrungsstoff ersetzbar ist. Man erkennt das auch daran, daß auch dann, wenn *Hungerzustand* herrscht bzw. kein Eiweiß zugeführt wird, solches umgesetzt wird. Es geht der Organismus dabei allerdings sehr sparsam mit seinem Eiweißbestand um. Der Energiebedarf wird im wesentlichen mit Kohlehydraten (Glykogen) und Fett gedeckt. Die Stickstoffausfuhr im Harn ist gering, sie hört jedoch nie auf. Bekannt war auch schon seit langem, daß z. B. *Gelatine* an sich kein vollwertiger Eiweißstoff ist. Für sich allein gegeben, vermag er nicht zu verhindern, daß der Organismus eigenes Eiweiß zum Abbau bringt. Es rührt dies daher, daß der Gelatine Aminosäuren fehlen, die unser Organismus nicht bilden kann. Heute haben wir einen klaren Einblick in alle diese Verhältnisse. Wir wissen, weshalb wir unbedingt Eiweiß mit der Nahrung zuführen müssen. Umstritten ist nur die absolut notwendige Menge.

Die Frage nach dem täglichen Eiweißbedarf läßt sich nicht mit einer bestimmten Zahl abtun. Zunächst spielt das Alter eine Rolle, dann kommt in Frage, mit welchem Nahrungsmittel die Eiweißzufuhr erfolgen soll. Es ist z. B. ein erheblicher Unterschied, ob man Milch, Fleisch, Kartoffeln, Brot usw. als eiweißhaltige Nahrungsmittel verabreicht. Ferner spielt der Gehalt der Nahrung an Fett und Kohlehydraten eine ganz entscheidende Rolle. Das wird sofort klar, wenn wir von der folgenden Überlegung ausgehen. Es gelte, einen erwachsenen Menschen von 70 kg Körpergewicht so zu ernähren, daß ihm z. B. täglich 2400 Kalorien zur Verfügung stehen. Aus der angegebenen Energiemenge können wir ohne weiteres schließen, daß es sich um einen Menschen handelt, der in der Beobachtungszeit keine besonders anstrengende Arbeit leistet. Wir wollen annehmen, daß in der zugeführten Nahrung 400 g Kohlehydrate enthalten seien und 50 g Fett. In diesen Mengen an stickstofffreien Nahrungsstoffen sind $1600+450=2050$ Kilogrammkalorien enthalten ($4\times400+9\times50$). Der Restbetrag an Energie soll durch Eiweiß gedeckt werden. 350 Kalorien sind in rund 88 g Eiweiß enthalten. Wir können einerseits mit Hilfe der Feststellung des Energiewechsels verfolgen, ob die zugeführte Energiemenge genügt. Andererseits können wir den Stickstoffstoffwechsel bestimmen und prüfen, ob Stickstoffgleichgewicht herrscht. Hierzu sei kurz bemerkt, daß dessen Vorhandensein nicht beweist, daß die zugeführte Eiweißmenge notwendig ist. Da Eiweiß nur in geringem Umfang gespeichert werden kann, erscheint der Stickstoff von im Überschuß zugeführtem Eiweiß nach kurzer Zeit in der Hauptsache als Harnstoff im Harn. Die genaue Feststellung jener Eiweißmenge, die bei einem bestimmten Gehalt der Nahrung an Fett und Kohlehydraten eben gerade ausreichend ist, um das Stickstoffgleichgewicht zu bewahren, ist keine leichte Aufgabe! Der Einfachheit halber wollen wir annehmen, daß in unserem Beispiel jene Eiweißmenge festgestellt sei, die eben notwendig ist, um bei Verabreichung von 400 g Kohlehydraten und 50 g Fett das Stickstoffgleichgewicht zu bewahren. Das würde bedeuten, daß bei einer geringeren Eiweißzufuhr die Stickstoffbilanz negativ würde, weil der Körper genötigt wäre, das Minus an zugeführtem Eiweiß durch Abbau von solchem in seinen Geweben zu decken. Setzen wir nun die Fett- oder Kohlehydratmenge in der erwähnten Nahrung herauf, dann bemerken wir, daß jetzt eine geringere Menge Eiweiß genügt, um Stickstoffgleichgewicht zu erreichen. Es beruht dies darauf, daß die stickstofffreien Nahrungsstoffe nunmehr einen größeren Anteil an Energie decken als zuvor. Man kann nun fortlaufend die erwähnten Nahrungsstoffe an Menge steigern und immer wieder feststellen, ob die erforderliche Eiweißmenge sich entsprechend verringern läßt, ohne daß die Stickstoffbilanz negativ wird. Man hat von einem *Minimum an Eiweiß* gesprochen bzw. von einem *Stickstoffminimum* und versteht darunter jene Stickstoff- bzw. Eiweißmenge, die bei einem bestimmten Gehalt der Nahrung an stickstofffreien Nahrungsstoffen eben gerade ausreicht, um Stickstoffgleichgewicht zu erzielen. Da dieses je nach dem Fett- und Kohlehydratgehalt der Nahrung wechselt, spricht man von einem *relativen Eiweiß- bzw. Stickstoffminimum.* Nun gibt es auch eine *absolute* Größe für das Eiweiß- bzw. Stickstoffminimum. Wir erreichen sie, wenn wir fortfahren, einen immer größeren Anteil des Kalorienbedarfes durch stickstofffreie Nahrungsstoffe zu decken. Schließlich kommen wir zu einem Punkt, bei dem diese nicht mehr in der Lage sind, Eiweiß zu ersetzen. Die Feststellung des *absoluten Eiweißminimums* ist wissenschaftlich von großer Bedeutung. *Man kann von ihm ausgehend den biologischen Wert eines bestimmten Eiweißstoffes bestimmen.* Nehmen wir z. B. an, es liege das absolute Eiweißminimum für Kasein bei 20 g. Nun können wir an Stelle von diesem Eiweißkörper einen anderen verabreichen. In vielen Fällen werden wir erkennen, daß von ihm mehr als 20 g erforderlich sind, um Stickstoffgleichgewicht zu erzielen.

Die biologische Wertigkeit von Eiweißstoffen verschiedener Herkunft darf bei Entscheidungen über den Wert eines Nahrungsmittels nicht ohne weiteres in die Waagschale geworfen werden. Wir haben schon S. 128 darauf hingewiesen, wie notwendig es ist, zwischen Versuchen mit reinen Nahrungsstoffen und solchen mit Nahrungsmitteln zu unterscheiden. Manche Befunde deuten darauf hin, daß Gemische von Eiweißstoffen ein anderes Verhalten zeigen als ein einzelner. Es ist dies durchaus verständlich, weil gewisse Mängel in der Zusammensetzung eines Eiweißstoffes durch den Gehalt anderer an bestimmten Aminosäuren ausgeglichen werden können. Es haben sogar — leider nicht in ausreichender Zahl durchgeführte — Versuche gezeigt, daß die Ausnutzung eines Nahrungsmittels dadurch beeinflußt werden kann, daß ein weiteres gleichzeitig verabreicht wird. Wir wissen noch allzuwenig, in welchem Ausmaß verschiedenartige Fette, Vitamine und Mineralstoffe den Aminosäurestoffwechsel in seinen einzelnen Phasen beeinflussen. Endlich steht fest, daß im Stadium des Wachstums manche Eiweißstoffe bzw. eiweißhaltigen Nahrungsmittel eine andere biologische Wertigkeit besitzen als nach dessen Abschluß.

Wir können zusammenfassend zum Ausdruck bringen, daß *sich jener Teil des Eiweißes in der Nahrung, der energetisch Verwendung findet, durch andere Energiequellen ersetzen läßt.* Die Grenze der Ersetzbarkeit liegt da, wo das Eiweiß mit seinen Bausteinen in gewissem Sinne stoffliche Funktionen zu erfüllen hat. Es ist nun heroischen Forschern in Selbstversuchen gelungen, annähernd mit dem absoluten Eiweißminimum über eine längere Zeit hindurch auszukommen. So hat ROESE bei Aufnahme von 200 g Fett (= 1800 Kalorien) und 25 bis 30 g Eiweiß, enthalten in Kartoffeln, viele Wochen hindurch bei gutem Wohlbefinden und erstaunlich großer Leistungsfähigkeit gelebt.

Es ergibt sich nun die Frage, *ob es ratsam ist, für eine möglichst geringe Eiweißzufuhr einzutreten.* Zunächst muß hervorgehoben werden, daß eiweißreiche Nahrungsmittel im allgemeinen teuer sind. Es sind dies Fleisch, Eier, Käse usw. Die pflanzlichen Nahrungsmittel sind bis auf die Hülsenfrüchte eiweißarm. So gehört Brot z. B. auch zu den eiweißarmen Nahrungsmitteln. Namentlich in Zeiten der Not kann man sehr wohl auf den Gedanken kommen, die Eiweißzufuhr möglichst herabzusetzen. Hier liegt nun eine sehr wichtige Beobachtung, die bei Versuchen mit ROESE gemacht worden ist, vor. Eine ganz geringe Erkältung — Schnupfen! — mit unwesentlicher Temperaturerhöhung genügte, um das wochenlang gehaltene Stickstoffgleichgewicht zu stören. Es konnte bei Beibehaltung der eiweißarmen Nahrung nicht wiederhergestellt werden, vielmehr mußte der Versuch für einige Zeit unterbrochen werden. In der Pause wurde der Eiweißgehalt der Nahrung erhöht. Was war geschehen? Infolge der dem Schnupfen zugrunde liegenden Infektion war der Stoffwechsel etwas erhöht worden. „Fieber zehrt"! Nun befand sich die Versuchsperson in der gleichen Lage wie jemand, der so viel verdient, daß er eben gerade auskommt. Ist er genötigt, Schulden zu machen, dann kann er diese nur dann decken, wenn eine Gehaltszulage erfolgt!

Wie wenig man derartige, streng kontrollierte Versuche in die Praxis übertragen darf, zeigt auch das Folgende. Es bedarf einer ganz ungewöhnlichen Willensstärke und eines hohen Idealismus, Tag für Tag eine große Menge Fett und dazu Kartoffeln aufzunehmen. Diese eintönige Kost widersteht einem bald. Wollte man den Versuch machen, allgemein die Eiweißmenge der Nahrung niedrigzuhalten, dann müßte man Sorge dafür tragen, daß unentwegt ausreichende Mengen von Kohlehydraten und Fetten aufgenommen werden. Niemand könnte dafür die Verantwortung übernehmen. Nun, niemand wird dafür eintreten, daß allgemein 20 bis 30 g Eiweiß pro Tag für die Ernährung des erwachsenen Menschen ausreichend sind, wohl aber wird immer wieder im Interesse der Volksgesundheit verlangt, daß die Eiweißzufuhr erheblich viel niedriger gehalten werden soll, als seinerzeit von dem großen Stoffwechselphysiologen VOIT angegeben worden ist. Er verlangte 120 g Eiweiß pro Tag für einen körperlich stark beanspruchten Soldaten. Um diesen Wert ist sehr viel gestritten worden. Bald wurden 50 g Eiweiß als ausreichend erklärt, bald bis zu 300 g verlangt! Zweck dieses kleinen Werkes ist es, jedem Nachdenkenden die Möglichkeit zu geben, selbst Stellung zu dem ganzen Fragenkomplex zu nehmen. Da unsere Nahrungsmittel zum Teil Eiweißkörper enthalten, die insofern unvollkommen sind, als ihnen der eine oder andere wichtige Eiweißbaustein fehlt, ist es notwendig, dafür zu sorgen, daß Ergänzung durch andere Proteine erfolgt. Wir können im praktischen Leben nicht mit Tabellen herumrennen, aus denen zu ersehen ist, ob nun dieses oder jenes Nahrungsmittel in Hinsicht auf Eiweiß besser ausgerüstet ist als ein anderes! Wir müssen bei der praktischen Beurteilung einer

Nahrung mit beiden Füßen auf dem Boden der Gegebenheiten bleiben und nicht theoretisieren! Es ist schon etwas „faul", wenn die Ernährung auf Grund von Analysenwerten der Nahrungsmittel geleitet wird, es sei denn, daß Massenverpflegung in Frage kommt, oder jemand dauernd auf Essen im Gasthaus angewiesen ist. Im letzteren Fall ist es sehr empfehlenswert, ein wachsames Auge auf die Zusammensetzung der Mahlzeiten zu richten und die Frage zu beantworten, ob diese den Bedürfnissen des Organismus auch qualitativ genügt.

Weshalb tobt der Kampf um die für eine vollwertige Ernährung unbedingt erforderliche Eiweißmenge? Nun, weil behauptet wird, daß ein Zuviel an Eiweiß schwere Schädigungen nach sich ziehe. Man stützt sich dabei auf die Tatsache, daß Eiweiß an sich den Stoffwechsel etwas in die Höhe treibt. Je mehr Eiweiß wir zuführen, um so lebhafter ist der Umsatz an Eiweißbausteinen in den Zellen. Es steigt entsprechend die Harnstoffausscheidung an. Die *Leber* hat mehr Arbeit mit dessen Bildung, und die *Nieren* haben mehr zu tun in Gestalt der Ausscheidung von Stoffwechselendprodukten, die aus den umgesetzten Aminosäuren hervorgehen. Ferner liefern Aminosäuren unter dem Einfluß von Mikroorganismen im Darmkanal allerhand Stoffe, die nicht ganz unschädlich sind. Wir haben schon S. 44 erfahren, daß sie soweit als möglich von Leberzellen entgiftet werden. Bei größerem Angebot an solchen Stoffen werden diese nicht immer mit ihnen fertig werden. So könnten sich mit der Zeit Störungen entwickeln. Bei einer guten Verdauung und entsprechender Beanspruchung des Körpers wird der Organismus ohne Zweifel mit erheblichen Mengen Eiweiß fertig, ohne daß Störungen auftreten. Ein Zusammenhang bestimmter Krankheiten mit einem Zuviel an Eiweiß in der Nahrung ist noch nie in eindeutiger Weise erwiesen worden. In der Regel wird derjenige, der viel Eiweiß aufnimmt, ganz allgemein zuviel Nahrung zu sich nehmen und der Mästung unterliegen. Geht eine solche Person z. B. zu Rohkost oder doch vegetarischer Kost über, dann erhält sie in der Regel nur einen Bruchteil von dem an Eiweiß und sonstigen Nahrungsstoffen, was sie zuvor sich zugeführt hat. Sie wird an überflüssigem Fett verlieren. Die Darmtätigkeit bessert sich. Mehr und mehr fühlt sich das Individuum wohler. Man schließt dann je nach seiner Einstellung auf Eiweißschädigung oder eine solche anderer Art. Der in den Grenzen einer natürlichen Ernährung Bleibende wird mit der Eiweißfrage gar nicht in Berührung kommen. Er wird seine Ernährung abwechslungsreich gestalten. Vielleicht heute etwas zu wenig Eiweiß zu sich nehmen und morgen etwas zuviel (betrachtet von der unbedingt nötigen Menge aus). Die stärkere Betonung vegetabilischer Kost führt allein schon zu einer wesentlichen Verbesserung der Ernährung, vor allem auch im Sinne einer Vermeidung der Überernährung. Wird es für unbedingt notwendig gehalten, als Richtlinie einen bestimmten Wert für die erforderliche Eiweißmenge anzugeben, so wären etwa 60—80 g zu nennen, wobei noch zu bemerken ist, daß infolge Verlusten in Gestalt unvollständiger Ausnutzung im Darmkanal noch ein entsprechender Zuschlag angebracht ist.

Vollkommen unbegründet ist die Vorstellung, daß eine Anfachung des Zellstoffwechsels durch Eiweiß bzw. durch die bei diesem aus Aminosäuren hervorgehenden Produkte Schaden stifte. Wir wissen ganz allgemein, daß eine Beanspruchung von Geweben — natürlich innerhalb gewisser Grenzen — für ihre Funktionsfähigkeit nur förderlich ist. Es sei in diesem Zusammenhang auch der verhängnisvollen Folgen einer Schonung der Darmmuskulatur durch ängstliche Vermeidung von Ballaststoffen, wie Kleie usw., gedacht. Die Darmmuskulatur soll Arbeit leisten, damit sie kräftig bleibt! Jede einzelne Körperzelle bedarf der Inanspruchnahme, soll sie nicht geschwächt werden.

Wir haben bislang nur vom Eiweißbedarf des *erwachsenen* Menschen gesprochen. *Er ist in verschiedenen Altersstufen sehr verschieden.* Die Erfahrung hat zu folgenden Werten, bezogen auf 1 kg Körpergewicht, geführt: Im 1. bis 3. Lebensjahr 3,5 g; im 3. bis 5. 2,0 g; im 5. bis 15. 2,5 g; im 15. bis 17. 2,0 g; im 17. bis 21. 1,5 g und von da ab 1,0 g. Besondere Ansprüche stellt die *Schwangerschaft* an die Eiweißzufuhr. Man rechnet in den drei ersten Monaten mit einer solchen von 1,0 g und in den übrigen von 1,5 g (immer berechnet auf 1 kg Körpergewicht). Noch größer muß sie sein während der *Stillzeit.* Es gilt den Eiweißgehalt der gebildeten und abgegebenen Milch sicherzustellen! Es sind 2 g Eiweiß pro Tag und Kilogramm Körpergewicht erforderlich.

Der Bedarf an den einzelnen Vitaminen.

Es erscheint sehr einfach, Angaben über den Bedarf an den einzelnen Vitaminen zu machen, und noch einfacher, Hinweise zu geben, wie er befriedigt werden kann. Bei genauerem Zusehen ergibt sich jedoch, daß unser Wissen auf diesem Gebiete durchaus kein gefestigtes ist. Wir wissen wohl, daß wir auf die Zufuhr bestimmter Vitamine angewiesen sind, ebensogut ist uns jedoch bekannt, daß der Bedarf an ihnen nicht immer der gleiche ist. So ist z. B. derjenige an Vitamin D für unseren Organismus dann am größten, wenn sich unsere Knochen bilden. Beim Vitamin B_1 hat sich, wie schon S. 83 berichtet, eine direkte Beziehung zum Ausmaß des Kohlehydratumsatzes ergeben. Gewiß sind bei jedem einzelnen Vitamin entsprechende Beziehungen vorhanden. Die in der Literatur vorhandenen Angaben über den Bedarf an einzelnen Vitaminen können nur als ungefähre Werte angesehen werden. Es sei insbesondere nochmals betont, daß die als tägliche Mindestzufuhr verlangten 50 und mehr Milligramm Vitamin C neuerdings sehr umstritten sind (vgl. S. 129). Es ist in der Tat wohl nur ausnahmsweise der Fall, daß täglich so große Mengen zur Aufnahme gelangen. Und nun gar die Orientierung eines ausreichenden Vitamingehaltes der Nahrung an Hand von Tabellen, in denen für jedes einzelne Nahrungsmittel der Gehalt an Vitamin A, der

B-Gruppe[1] usw. angeführt[2] ist! Es ist außerordentlich verdienstlich, daß es derartige Aufstellungen gibt. Sie unterrichten uns ausgezeichnet über an bestimmten Vitaminen reiche und ärmere Nahrungsmittel. Im allgemeinen braucht jedoch die tägliche Nahrung nicht an Hand einer solchen Zusammenstellung kontrolliert zu werden. Wie irreführend es sein kann, wenn errechnet wird, ob ausreichende Mengen von Vitaminen zugeführt werden oder nicht, sei an Hand von Beispielen gezeigt. Die wasserlöslichen Vitamine z. B. der Gemüsearten können zum größten Teil in Verlust geraten, wenn das Kochwasser weggegossen wird. Wir verlieren dabei übrigens auch ganz erhebliche Mengen an Mineralstoffen. Das Wissen um diesen Befund ist von der größten Bedeutung! Betrachten wir den Vitamin C-Gehalt der Kartoffel, so stoßen wir auf ganz erhebliche Unterschiede, je nachdem es sich um die frische, die gelagerte[3], die gedämpfte, gekochte, gebratene Kartoffel handelt. Besonders groß sind Verluste an Vitamin C beim Aufbewahren von Kartoffeln, Gemüsen usw. in gekochtem Zustand. Wiederaufwärmen befördert die Abnahme an diesem Vitamin besonders stark. Diese Hinweise mögen

[1] Beim Vitamin B_1 ist bei der Bestimmung nicht immer berücksichtigt worden, daß nur ein Teil davon frei vorkommt, ein anderer ist mit Pyrophosphorsäure verestert (vgl. S. 83). Dieser letztere ist vielfach nicht mitbestimmt worden.

[2] Vgl. die Übersicht des verdienstvollen Erforschers des Vitamingehalts unserer Nahrungs- und Futtermittel ARTHUR SCHEUNERT: Handbuch der biologischen Arbeitsmethoden, Abt. V, Teil 3 B (2), S. 1361 (1938).

[3] Der Lagerverlust wird mit 50 und mehr % angegeben!

genügen, um zu zeigen, daß eine Berechnung der Zufuhr an einzelnen Vitaminen an Hand jener Werte, die sich auf Nahrungsmittel in bestimmtem Zustand beziehen, zu ganz unrichtigen Ergebnissen führen kann. Dabei wird noch vorausgesetzt, daß die Vitamine quantitativ von der Darmwand aufgenommen werden, was durchaus nicht bewiesen ist. Es genügt, über die wichtigsten Quellen für die einzelnen Vitamine unterrichtet zu sein. Diese wollen wir anführen. Beginnen wir mit *Vitamin A*. Mehr oder weniger reich an ihm bzw. Karotin (vgl. S. 75) sind: Niere, Leber, Milch, fetter Käse, Butter, Eidotter, Weizen- und Roggenembryo, Spinat (besonders reich an ihm), grüner Salat, grüne Bohnen und Erbsen, Möhren, Karotten, Tomaten. Obst und Beerenfrüchte sind arm an Vitamin A, oder es fehlt ganz. Das wundert uns nicht, und zwar deshalb nicht, weil Vitamin A ein fettlösliches Vitamin ist. Wir können es deshalb nur da erwarten, wo sich entsprechende fettartige Substanzen vorfinden. Daher ist z. B. der Magerkäse arm an Vitamin A, während der fettreiche viel davon aufweist.

Vitamin B_1 findet sich vornehmlich in Getreidekörnern und den aus ihnen hergestellten Produkten. Da es insbesondere der Kleie angehört, hängt der Gehalt an diesem Vitamin beim Brot vom Grad der Ausmahlung ab. Weißbrot enthält davon sehr viel weniger als Schwarzbrot. Am reichsten an ihm ist das Vollkornbrot. Auch Niere, Leber, Fleisch, Milch, Eidotter sind vitamin-B_1-haltig. Sämtliche Gemüsearten enthalten ungefähr gleiche Mengen an ihm. Obst und Beerenfrüchte sind arm an Vitamin B_1, nur die Nüsse sind reicher daran. Auch Trockengemüse, wie Bohnen, Erbsen, Linsen, kommen als Quelle für Vitamin B_1 in Betracht.

Vitamin B_2 ist wenig verbreitet. Für seine Zufuhr kommen im besonderen in Betracht: Fleisch, Milch, Eidotter, Gemüsearten. Interessanterweise ist das Weiße vom Ei reicher an Vitamin B_2 als der Dotter! Gemüse und Obst enthalten wenig davon.

Vom *Vitamin C* ist zu berichten, daß es im großen und ganzen wenig verbreitet ist. Für seine Zufuhr kommen in erster Linie Gemüsearten und Obst in Frage. Eine Hauptquelle für die tägliche Zufuhr an Vitamin C ist die Kartoffel. Besonders reich an ihm sind Apfelsinen und Zitronen. Bananen enthalten viel weniger Vitamin C. Die Leber besitzt dieses, und auch in der Milch ist es enthalten, jedoch in geringer Menge.

Noch seltener anzutreffen ist *Vitamin D!* Es kommen als Quelle für dieses nur Meeresfische in Betracht. Nun haben wir bereits S. 79 erfahren, daß in unserer Haut unter dem Einfluß bestimmter Strahlenarten der Sonne bzw. der Höhensonne Vitamin D gebildet werden kann. Dieser Befund ist von weittragender Bedeutung.

Vitamin E, von dem wir nicht mit Bestimmtheit wissen, ob es in unserem Organismus eine Rolle spielt, ist vor allem in Getreideembryonen zu finden, in geringen Mengen auch in der Leber, der Niere, im Fleisch, in der Milch (wenig).

Für die Vitamine A und D ist eine ganz besonders reiche Quelle der *Lebertran.* Es ist von hohem Interesse, daß dieser ohne jede Kenntnis seiner besonderen Inhaltsstoffe als bestes Mittel gegen Rachitis verwendet worden ist. Wichtig ist ohne Zweifel auch, daß neben Vitamin D zugleich auch A in reicher Menge zugeführt wird. In diesem Zusammenhang sei erwähnt, daß in *Dänemark* gesetzlich vorgeschrieben ist, der Margarine die beiden genannten Vitamine zuzusetzen.

Im allgemeinen dürften zur Deckung des Vitamin C-Bedarfes 500 g gekochte Kartoffeln, bzw. 100 g Apfelsinensaft = 2 mittelgroße Apfelsinen, bzw. 100 g roher Salat, bzw. 100 g Erdbeeren genügen. Ferner sind in etwa 70 g Butter, 40 g gekochtem Kraut oder in 50 g Tomaten ausreichende Tagesmengen Vitamin A enthalten.

Die Gefahr einer unterwertigen Vitaminzufuhr ist dann behoben, wenn die Nahrung abwechslungsreich gestaltet wird unter Einschluß von Pflanzenkost. Insbesondere sind Apfelsinen als Vitamin C-Träger sehr wertvoll. Bedenkt man, daß unser Organismus, wenn auch in bescheidenen Grenzen, Vitamine speichern kann, so bedeutet es wenig, wenn an einem Tag von dem einen oder anderen Vitamin etwas zu wenig zugeführt werden sollte. *Einzig die Zufuhr von Vitamin B_1 kann Sorge machen, und das insbesondere dann, wenn Weißbrot aufgenommen wird.* In der Regel kann jedoch der Vitamin-B_1-Bedarf durch andere Nahrungsmittel gedeckt werden. *Besondere Beachtung verdient die Milch in den Winter-*

monaten. Je nach der Art der Ernährung der Kühe kann sie in ihrem Gehalt an den ihr zukommenden Vitaminen sehr verschieden sein. Es gilt dies insbesondere für die Vitamine C und A, die unter Umständen fast fehlen können. Es ist dies dann der Fall, wenn das verabreichte Futter arm an ihnen ist (Fehlen an frischem Gras usw.).

Besondere Aufmerksamkeit ist der Vitaminzufuhr während des Wachstums und auch während der Schwangerschaft zuzuwenden. So verkehrt es ist, in Furcht vor ausreichender Vitaminzufuhr zu leben und solche in reiner Form zusätzlich aus der Apotheke zu beziehen, so wichtig ist es, die Ergebnisse der Vitaminforschung auszuwerten und mit den erforderlichen Kenntnissen ausgestattet, diejenigen Nahrungsmittel zu berücksichtigen, die in Hinsicht auf Vitamingehalt besonders wertvoll sind. Es ist sehr weise von den Engländern und Amerikanern, dem Obst einen bevorzugten Platz bei der Nahrungsgestaltung zu geben. Bei uns spielt es eine noch viel zu geringe Rolle. Man muß ferner den Winter- und Frühjahrsmonaten besondere Aufmerksamkeit widmen. In dieser Zeit ist die Einstrahlung von ultraviolettem Licht in der Ebene gering. Die Tage sind kurz, der Himmel oft verhangen! Ferner macht es Schwierigkeiten, ausreichende Mengen an frischem Gemüse zu erhalten. Oft wird auch das Obst knapp. Hier kann eine zielbewußte Lenkung in der Nahrungsmittelverteilung viel Hilfe schaffen. Es gilt, Vorsorge zu treffen, daß zweckmäßig aufbewahrtes Gemüse zur Stelle ist. Apfelsinen und Zitronen müssen heran, um ein Vitamin C-

Defizit zu vermeiden. Für Kinder (auch für Erwachsene!) ist Lebertran in dieser Zeit sehr wertvoll.

Unsere Widerstandskraft gegen Infektionskrankheiten aller Art wird geschwächt, wenn die Ernährung keine vollwertige ist. Die Abwehr leidet. Dabei spielt ein Mangel an Vitaminen eine wesentliche Rolle. Es ist klar, daß bei bester Versorgung des Organismus mit Energiematerial und bei vollkommen ausreichender Eiweißzufuhr Störungen eintreten, wenn Fermentsysteme versagen. Nun haben wir erfahren, daß an deren Zusammensetzung Vitamine beteiligt sind. Es ist kein Zufall, daß in den Frühjahrsmonaten besonders viele Erkältungskrankheiten u. dgl. m. auftreten. Auch die sog. Frühjahrsmüdigkeit steht irgendwie in Zusammenhang mit gewissen Mängeln in unserer Ernährung. Ohne Vorsorge fällt der Wert der Nahrung ganz von selbst bis zu jener Zeit ab, zu der frisches Gemüse, frisches Obst usw. erhältlich sind. Die Hausfrau muß mit allen diesen Dingen vertraut sein. Vor allem müssen auch alle diejenigen auf der Hut sein, deren Aufgabe es ist, für die Ernährung von ganzen Gruppen von Menschen zu sorgen.

Gestreift sei noch, daß insbesondere auch dann an eine geeignete Zusammensetzung der Nahrung in Hinsicht auf den Vitamingehalt zu denken ist, wenn es gilt, Kranke zu ernähren. Ihre Ernährung ist aus mancherlei Gründen oft etwas einseitig. Vielfach fehlt auch der Appetit.

In diesem Zusammenhang sei noch hervorgehoben, daß die Erkenntnis des Vorkommens von fettlöslichen

Vitaminen gelehrt hat, daß Fett nicht gleich Fett ist. So enthält z. B. Schweinespeck gar keine Vitamine! Aber auch in anderer Hinsicht sind noch Befunde erhoben worden, die zeigen, daß in der Reihe der fettartigen Stoffe — man hat die in Wasser unlöslichen, dagegen in gewissen organischen Lösungsmitteln, wie Alkohol, Azeton, Äther, Tetrachlorkohlenstoff usw., löslichen Produkte der Gewebe *Lipoide* genannt — solche mit Bausteinen vorhanden sind, denen eine besondere Bedeutung zukommt. Es sind dies *ungesättigte Fettsäuren*. Fehlen sie in der Nahrung, dann sind beim Tierversuch schwere Störungen beobachtet worden. Sie lassen sich nach Zugabe von Säuren der genannten Art beheben. Ob auch unserem Organismus bestimmte ungesättigte Fettsäuren mit der Nahrung zugeführt werden müssen, ist noch unerforscht.

Der Bedarf an anorganischen Nahrungsstoffen.

Der *Sauerstoff* ist derjenige Nahrungsstoff, der uns ohne unser Zutun in ausreichender Menge zufließt. Es bedarf keiner Kontrolle, ob wir ihn in ausreichender Menge erhalten (es sei denn, daß besondere Verhältnisse vorliegen, wie z. B. das Aufsuchen großer Höhen). Die automatisch sich vollziehende Atmung versorgt uns mit Sauerstoff und sorgt dafür, daß die in den Geweben gebildete Kohlensäure zur Ausscheidung kommt. Wie schon S. 28 hervorgehoben, beherrscht ein im verlängerten Mark befindliches *Atemzentrum* die Atemtätigkeit. Es ist die im Blute enthaltene Kohlensäure, die in erster

Linie das Tempo der Atmung und ihre Tiefe regelt. Die *Lungen* sind somit Aufnahmestelle für einen Nahrungsstoff und zugleich Ausscheidungsstätte für Kohlensäure. Damit sind sie besonders wichtige Hilfen in der Einregulierung einer bestimmten Reaktion des Blutes. Mit ihnen zusammen arbeiten in Hinsicht auf die letztere Funktion im gleichen Sinn die *Nieren*. Außerdem überwachen sie durch Ausscheidung von in Wasser gelösten festen Stoffen aller Art die innerhalb bestimmten Grenzen konstant bleibende Zusammensetzung des Blutes.

Im allgemeinen verursacht auch die Versorgung des Organismus mit *Wasser* keine Sorgen. Es steht uns als solches zur Verfügung und wird auch mit den Nahrungsmitteln in mehr oder weniger großer Menge zugeführt. Der *Wasserbedarf* ist je nach dem Alter ein verschiedener. So benötigt ein Kind von 14 Tagen 500 g, ein solches von 6 Monaten 1000 g und ein Erwachsener etwa 2000 g Wasser. Die entsprechenden Körpergewichte sind 3, 7 und etwa 70 kg. Ein Vergleich des Wasserbedarfs mit diesen zeigt, wie groß dieser während der Wachstumsperiode ist.

Sehr schwierig, ja zum Teil unmöglich ist die Angabe bestimmter Werte für den Bedarf an den einzelnen *Mineralstoffen*. Ohne weiteres kontrollierbar ist die Aufnahme an *Kochsalz*. Sie schwankt stark und ist von Gewohnheiten abhängig. Der wirkliche Bedarf wird pro Tag auf 6—7 g geschätzt. Es unterliegt keinem Zweifel, daß vielfach zuviel Kochsalz aufgenommen wird. Bei den übrigen Mineralstoffen fehlen größtenteils sichere Anhaltspunkte für ihren Bedarf. Beim *Eisen*, dem *Kalzium* und der *Phosphorsäure* vermögen wir keine eindeutigen Bilanzversuche durchzuführen, die uns anzeigen könnten, wie groß der Tagesbedarf an ihnen ist, weil sie alle vollständig oder teilweise durch die Dickdarmschleimhaut ausgeschieden werden. Eine Trennung von unresorbiert gebliebenen Stoffen von jenen Mengen, die den Körperzellen zur Verfügung standen, ist infolgedessen nicht möglich (vgl. hierzu auch S. 131). Die folgenden Zahlen geben einen ungefähren, jedoch zum Teil, wie angeführt, unsicheren Einblick in den Bedarf an einzelnen Mineralstoffen. Sie beziehen sich auf den *täglichen Bedarf*: für Natrium 4—5 g, für Kalium 2—3 g, für Eisen 0,15 g, für Kalzium 0,5—1 g (beim Kind 1 g), für Magnesium 0,5 g, für Phosphorsäure 3—6 g, für Chlor 2—3 g, für Jod 0,2—0,7 g[1]. Für die weiteren, S. 35 angeführten Mineralstoffe, wie Kupfer usw., lassen sich keine bestimmten Angaben machen. In der Regel enthält die Nahrung, insbesondere wenn das Kochwasser von Gemüsen usw. nicht fortgegossen wird, ausreichende Mengen von Mineralstoffen. Ein Zusatz von einzelnen davon ist überflüssig. Eine Ausnahme bildet, wie schon S. 37 geschildert, das Kochsalz.

[1] Diese Menge wird von manchen Forschern als zu hoch bewertet angesehen.

Anhang.

Die Brotfrage.

Der Umstand, daß es eine *Brotfrage* gibt, beruht darauf, daß das Brot in seiner Zusammensetzung nicht einheitlich ist. Ursprünglich diente ohne Zweifel ganz allgemein das zermahlene Vollgetreidekorn zur Brotbereitung. Mehr und mehr wurden dann im Laufe der Zeit die Hüllen des Kornes fortgelassen. Wir unterscheiden ein *Vollkornbrot* und ferner je nach dem Aussehen — bedingt durch den mehr oder weniger großen Gehalt an Kleiebestandteilen — *Schwarz-*, *Grau-* und *Weißbrot*. Es kann ferner zur Brotbereitung *Weizenmehl* oder *Roggenmehl* Verwendung finden. Man kann auch Maismehl und bestimmte Eiweißstoffe beimengen. Das Weizenmehl zeigt in bezug auf die Backfähigkeit Vorzüge gegenüber dem Roggenmehl. Da das Brot von ganz besonderer Bedeutung für unsere Ernährung ist (90—100 kg pro Kopf und Jahr), so ist es verständlich, daß ihm die größte Aufmerksamkeit gewidmet wird.

Der Streit um das Optimum an Brotbeschaffenheit ist in den letzten Jahren stark abgeflaut. Wesentlich ist, daß die Brotfrage nicht für sich isoliert betrachtet wird. Brot bildet ja nur einen Teil unserer Nahrung. Es ist vollkommen zutreffend, daß mit dem Wegfall der Kleie Mineralstoffe und vor allem auch das so wichtige Vitamin B_1 weitgehend entfernt werden. So enthält Weizenvollmehlbrot 180 γ[1] Vitamin B_1, gewöhnliches

[1] $\gamma = {}^1/_{1000}$ g.

Weißbrot 50 und grobes Roggenbrot 100—110 γ. Es bleibt bei der Auswahl der Brotsorte die Frage, ob der Bedarf an Vitamin B_1 durch andere Nahrungsmittel gedeckt ist. Hierzu sei bemerkt, daß auf 100 g Frischgewicht berechnet Linsen 400, Kartoffeln (gekochte) 50, Äpfel, Apfelsinen, Bananen, Pflaumen usw. etwa 80, Haselnüsse 400, Walnüsse 300 γ Vitamin B_1 enthalten. Kuhmilch weist 24—57, Frauenmilch nur Spuren bis 13, Rind-, Hammel- und Kalbfleisch 100—120, Schweinefleisch (roh, mager) 1400, gekochter Schinken 450, Schweineniere (roh) 670, Weißfisch etwa 50, Eigelb (gekocht) 275 γ Vitamin B_1 auf. Der mittlere Bedarf an diesem wird auf etwa 600 γ geschätzt (für das Kind im ersten Lebensjahr auf 400, für die Mutter und den Säugling zusammen auf etwa 3000 γ). Es darf nicht übersehen werden, daß diesen Angaben noch manches Problematische anhängt. Nehmen wir z. B. den angegebenen Bedarf des Kindes an Vitamin B_1 im ersten Jahr als richtig an, dann bleibt uns unverständlich, wie der Säugling mit dem so außerordentlich geringen Gehalt an diesem in der Muttermilch zurechtkommen soll!

Wiederholt haben wir darauf hingewiesen, daß der in frischen Gemüsen, Kartoffeln usw. festgestellte Vitamingehalt nicht für durch Lagerung, Kochen usw. veränderte Nahrungsmittel Geltung hat. Schließlich wissen wir über die Resorptionsverhältnisse der einzelnen Vitamine noch sehr wenig.

Werden Nahrungsmittel neben Brot aufgenommen, die ausreichend Vitamin B_1 aufweisen, dann bedeutet das Weißbrot keinen Ausfall, insbesondere dann nicht, wenn auf anderem Wege für Produkte gesorgt wird, die imstande sind, die Darmperistaltik anzuregen (rohes Obst mit der Schale genossen, Salat usw.). Da nun das genannte Vitamin in seiner Verbreitung beschränkt ist, und Brot einen ganz erheblichen Teil der gesamten Nahrung ausmacht, ist es zweckmäßig, Schwarzbrot zu bevorzugen. Noch besser ist in dieser Hinsicht Vollkornbrot, jedoch muß man dem Umstand Rechnung tragen, daß es nicht immer gut vertragen wird. In vielen Fällen läßt sich Gewöhnung erreichen.

Von der allergrößten Wichtigkeit ist die Zubereitung des Brotes. Ein Nahrungsmittel, das die Volksernährung beherrscht, muß in einem Zustand abgegeben werden, in dem es in jeder Hinsicht voll befriedigt (Geruch, Geschmack, Verdaulichkeit usw.). Leider ist das durchaus nicht allgemein der Fall. Teils liegt das an der Beschaffenheit des Mehles, teils an der unvollkommenen Technik der Teigzubereitung und des Backens. Es ist dringend notwendig, daß in dieser Richtung alles getan wird, um ganz allgemein Brot mit hervorragenden Qualitäten in den Handel zu bringen.

Die für bestimmte Muskelleistungen erforderlichen Energiemengen.

Wenden wir uns nun noch der Frage nach jenen Energiemengen zu, die wir zur Durchführung der gesamten mit Energieumsetzungen verbundenen Leistungen unseres Körpers benötigen. Zunächst sei bemerkt, daß der bei weitem überwiegende Teil unserer Nahrung energetischen Zwekken dient. *Es treten in unseren Geweben vornehmlich zwei Arten von Energie in Erscheinung, nämlich in Form von Wärme und Arbeit.* Zunächst könnte man geneigt sein, anzunehmen, daß die erstere die Vorstufe der Arbeitsenergie ist. Das ist nun nicht der Fall. *Unsere Muskelzellen vermögen die sog. chemische Energie der organischen Nahrungsstoffe* (verwandelte Sonnenenergie, vgl. S. 3) *unmittelbar für ihre Arbeitsleistungen zu verwenden.* Man spricht aus diesem Grunde die Muskelzelle als *chemodynamische „Maschine"* an, im Gegensatz zu den kalorischen, bei denen es sich um Verwandlung von Wärme in Arbeitsenergie handelt. Es gilt als feststehend, daß in unserem Organismus von der Wärmeenergie aus keine Arbeit geleistet wird.

Es muß befremden, daß wir den Energiewechsel an Hand der Wärmeeinheit darstellen, da doch Wärme bei der Bildung von Arbeitsenergie kein Zwischenglied darstellt. Da rechnerisch kein wesentlicher Unterschied besteht, ob man mit Kalorien rechnet oder aber der Berechnung Werte zugrunde legt, die dem Vorhandensein einer chemodynamischen Maschine Rechnung tragen, ist man bei der Wärmeeinheit geblieben.

Wir unterscheiden im wesentlichen geistige und körperliche bzw. Muskelarbeit. Zu der letzteren gehört nicht nur die Arbeitsleistung der quergestreiften, sog. Skeletmuskulatur, vielmehr auch die der gesamten glatten mit Einschluß der eine Querstreifung aufweisenden Herzmuskulatur. Interessanterweise zeigt die glatte Muskulatur in mancher Hinsicht ein anderes Verhalten als unsere Skeletmuskulatur. Jedermann weiß, daß, wenn er die letztere in Tätigkeit versetzt, dies mit Aufwand von Kraft verknüpft ist. Es erfolgt ununterbrochen Energieverbrauch. Schließlich tritt die Empfindung der Ermüdung auf. Lassen wir die Skeletmuskulatur erschlaffen, dann geht sie in den Ruhezustand über. In diesem erfolgt Erholung. Bei der glatten Muskulatur liegen die Verhältnisse insofern anders, als zwar jede Zustandsänderung im Sinne einer Verkürzung auch mit Energieaufwand verknüpft ist, jedoch bedeutet der nunmehr eingenommene Zustand einen solchen der Ruhe. Wählen wir ein Beispiel. Der Magenausgang nach dem Darm zu wird durch einen Ringmuskel, *Sphinkter* genannt, verschlossen. Solange er kontrahiert ist, kann kein Inhalt aus dem Magen in den Darm übertreten. Erst, wenn er erschlafft, ist das möglich. Wir haben S. 102 des Pylorusreflexes gedacht. Er bedingt, daß nach kurzer Öffnungszeit wieder Verschluß durch den Sphinkter eintritt. Der Übergang vom erschlafften zum kontrahierten Zustand stellt eine Arbeitsleistung dar, das Durchhalten des Verschlusses jedoch nicht. Es bedeutet diese Einrichtung eine ganz gewaltige Einsparung von Energie und zudem das Ausbleiben einer Ermüdung!

Kurz gestreift sei, daß in unseren Geweben noch mancherlei andere Energieformen eine Rolle spielen. So wissen wir, daß jedes erregte Gebilde *elektrische Potentialdifferenzen* aufweist. Wir können am Auftreten von elektrischen Strömen unmittelbar ablesen, ob ein Nerv, ein Muskel, ob Drüsenzellen, Sinneszellen usw. sich in Erregung oder in Ruhe befinden. Auch osmotische Arbeit u. dgl. m. wird geleistet, jedoch spielen alle diese, vielleicht zum Teil noch gar nicht restlos erkannten Energieformen mengenmäßig keine Rolle. Das gleiche gilt nun auch von dem Energieaufwand, *der bei geistiger Arbeit erforderlich ist.* Es hat größte Überraschung ausgelöst, daß 5 Stunden angestrengter geistiger Arbeit einen Verbrauch von etwa 15—20 Kalorien bedingten (= 1 Stück Würfelzucker von etwa 5 g)! Der so erfolgreiche amerikanische Stoffwechselforscher BENEDICT fand, daß der, einstündiger geistiger Tätigkeit von Studenten entsprechende Mehrverbrauch an Energie demjenigen eines Stubenmädchens entsprach, die 5 Minuten lang Staub wischte! Der Befund, daß geistige Arbeit an sich keine großen Ansprüche an den Gesamtumsatz an Energie stellt, entspricht ganz der Erfahrung. Der Nahrungsbedarf wächst mit gesteigerter Muskelarbeit und fällt mit sinkender. Bei geistiger Arbeit ist das nicht der Fall. Nun wäre es ohne Zweifel ganz verkehrt, anzunehmen, daß die geistige Leistung nur minimale Energiemengen erfordert —gemessen am gesamten Energieumsatz ist das wohl richtig, jedoch dürften die in Tätigkeit befindlichen Nervenzellen eine ganz erhebliche Steigerung ihres Energieumsatzes erfahren, wenn sie besondere Funktionen im Sinne geistiger und sonstiger Tätigkeit erfüllen. Ihre Zahl ist an sich gegenüber anderen Zellgebieten (z. B. der Muskulatur) klein, außerdem stehen sie an Größe, verglichen mit Muskelzellen, weit zurück. Dazu kommt, daß bei bestimmten geistigen Leistungen bestimmte Gebiete des Zentralnervensystems in Tätigkeit sind. Uns interessiert an dieser Stelle nur, daß *praktisch der Anspruch des Nervensystems an den Energiehaushalt gering ist.* Es ist die mechanische Arbeitsleistung, die je nach ihrem Ausmaß mehr oder weniger große Energiemengen erfordert. Wir befinden uns hier auf gesichertem Boden der Erkenntnis. Wir können innerhalb gewisser Grenzen den Muskel ebenso betrachten wie eine gewöhnliche Maschine. Wir sprechen z. B. von einem *Nutzeffekt* der Muskelarbeit. Wir verstehen darunter das Ausmaß der Ausnutzung der zur Verfügung gestellten Energie bei der Muskeltätigkeit. Der direkte Versuch hat beim Menschen keine einheitlichen Werte ergeben. Es ist z. B. der Nutzeffekt bei verschiedenen Arten von Arbeitsleistungen verschieden (beispielsweise beim Gehen sehr groß). Man nimmt im allgemeinen an, daß er im Durchschnitt 15—20% beträgt. Das heißt, wenn für eine bestimmte Muskelarbeit z. B. 1000 Kalorien erforderlich sind, muß dafür gesorgt werden, daß in der Nahrung der fünffache Betrag (bei einem Nutzeffekt von 20% !) an Energie zur Verfügung gestellt wird.

Wir können bei der Betrachtung der Beziehungen geleisteter Muskelarbeit zu der dafür erforderlichen Energie nicht von einem Zustand des Null-Verbrauches ausgehen. Unser Herz schlägt Tag und Nacht, die Atmung geht usw., auch können wir unsere Skeletmuskulatur nicht insgesamt restlos entspannen. Wohl aber können wir eine Körperstellung einnehmen, bei der der

Energieumsatz auf ein Minimum sinkt. Es ist dies die bequeme, möglichst entspannte Ruhelage im Liegen. Wenn wir in einer solchen Stellung auch nur einen Finger bewegen, dann äußert sich das im Energieverbrauch. Stehen wir auf, dann erhöht sich dieser sogleich. Wir können nun bequem stehen oder aber eine stramme Haltung einnehmen, wir können in der Ebene marschieren oder Steigarbeit leisten usw., immer finden wir ganz bestimmte Beziehungen der jeweils geleisteten Arbeit zum Energieverbrauch. In diesem Zusammenhang sei bemerkt, daß vollkommen parallel mit dem Energieumsatz jene Prozesse im Körper einherlaufen, die mit Energielieferung verknüpft sind. Wir erkennen das ohne weiteres daran, daß der Gaswechsel mit der Zunahme der Arbeitsleistung steigt und mit ihrer Abnahme fällt.

Wir wollen nun zunächst an Hand von Tabellen einige Beispiele bringen, die das eben Dargelegte belegen. Wir gehen von Feststellungen bei frei gewählter Kost aus (vgl. hierzu S. 136).

Wir erkennen aus den S. 166 angeführten Werten, daß der Energiewechsel sich mit steigender Arbeitsleistung vergrößert. Ferner nimmt der Anteil jener Energiemenge, der zur Leistung von äußerer Arbeit aufgewandt wird, zu.

Für einen erwachsenen Menschen von etwa 70 kg Körpergewicht werden bei gemäßigtem Klima und Ausschluß besonderer Muskelleistungen täglich 2400 Kalorien als erforderlich betrachtet. Pro Arbeitsstunde kommen für leichte Arbeit 50, für mittlere 50—100, für schwere 100—200 und für sehr schwere 200 Kalorien

Beruf	Gesamtenergieausgabe kg.kal.	Zur Leistung äußerer Arbeit aufgewandte Energie kg.kal.	Es entfallen von der Gesamtenergieausgabe auf die für Arbeit verwandte Energie %
Büroarbeiter	2556	622	24,6
Schneider	2681	796	29,6
Mechaniker	3199	1247	39,3
Schreiner	3257	1274	38,5
Lastträger (45 kg) . .	3370	1409	44,7
„ (65 kg) . .	3492	1519	43,5
Soldat (25 kg Last, 5 Std. Marsch) . .	3960	2018	50,9
Erntearbeiter (8 Std. Arbeit)	4388	2279	52,6
Holzfäller (Winterarbeit)	5600	3360	60,0

hinzu. Es werden ferner für das Alter von 1—2 Jahren 0,3, von 2—3 Jahren 0,4, von 3—5 Jahren 0,5, von 5 bis 7 Jahren 0,6, von 7—9 Jahren 0,7, von 9—10 Jahren 0,8, von 10—12 Jahren 0,9 Kalorien einer erwachsenen Person eingesetzt. Vom 12. Jahre ab wird der obenerwähnte Standardwert in Rechnung gesetzt. Es hängt einer derartigen Normung des Kostmaßes nach Kalorien viel Willkürliches an. Zunächst ist zu bemerken, daß die erwähnten 2400 Kalorien einen Mittelwert darstellen; ferner ist derjenige Anteil an Energiewerten der Nahrung gemeint, der den Körperzellen zur Verfügung steht, somit nicht jener, der sich aus der Zusammensetzung einer Nahrung an organischen Nahrungsstoffen errechnen läßt. Das heißt, es ist der Verlust an Energiematerial infolge der nicht hundertprozentigen Ausnutzung im Darmkanal zu berücksichtigen.

Eine andere und vom wissenschaftlichen Standpunkt eindeutigere Grundlage zur Beurteilung des Einflusses bestimmter Arbeitsleistungen auf den Energieverbrauch bietet der S. 16 erwähnte *Grundenergiewechsel.* Es wird dabei der Energieumsatz bei einer nüchternen (letzte Mahlzeit mehrere Stunden vor der Anstellung des Versuches), in bequemer Liegelage befindlichen Person bei etwa 20° C des Versuchsraumes (um Einflüsse der Temperatur auf den Stoffwechsel auszuschließen) festgestellt.

In mancher Hinsicht ist es notwendig, bestimmte Normen zur Verfügung zu haben, um überschlagen zu können, ob eine bestimmte Nahrung ausreichend ist, um einen unter bestimmten Bedingungen sich befindenden Menschen vollwertig zu ernähren. Es kommt dabei das Alter, das Geschlecht, der besondere Zustand der Schwangerschaft, der Laktation usw. in Betracht. Besonders schwer fällt die Arbeitsleistung ins Gewicht. Man hat den folgenden Energiebedarf für bestimmte Arbeitsleistungen festgestellt:

Arbeitsgröße in kgm	Energiebedarf in kg.kal.		Gesamtenergiebedarf
	für Ruheenergiewechsel	für Arbeitsleistung	
50000	2400	600	3000
100000	2400	1200	3600
150000	2400	1800	4200
200000	2400	2400	4800

Für 42500 kgm äußere Arbeit steigt der Energieverbrauch um rund 500 Kalorien.

Es ist der Versuch unternommen worden, von den erwähnten Standardwerten aus die Ernährung eines Volkes in seinen verschiedenen Schichten und Berufsgruppen zu beeinflussen. *Es ist höchste nationale Pflicht, für jeden Angehörigen eines Volkes die Bedingungen einer vollwertigen Ernährung zu schaffen.* Eine solche läßt sich nicht vom Einkommen allein aus sicherstellen. Maßgebend ist, ob die für die menschliche Ernährung besonders wertvollen Nahrungsmittel in ausreichender Menge und zu erträglichen Preisen zu haben sind. Dabei muß man sich dessen bewußt bleiben, daß *das Problem der Ernährung eines Volkes ein ungewöhnlich komplexes ist.* An erster Stelle steht die *Landwirtschaft!* Ihre Leistungsfähigkeit ist von entscheidender Bedeutung. Sie gilt es zu leiten. Es muß dafür gesorgt werden, daß entsprechende *Düngemittel* in ausreichenden Mengen verfügbar sind, und ferner solche Nahrungsmittelpflanzen angebaut werden, die einen hohen Nährwert besitzen. Hinzu kommt dann noch die *Viehhaltung,* die so organisiert sein muß, daß das Tier nicht Konkurrent des Menschen auf dem Gebiet der Nahrungsmittelversorgung wird! Zoll und Steuern können tiefgreifend auf die Möglichkeit einer ausreichenden Ernährung von nicht besonders bemittelten Menschen einwirken.

Die Bedeutung der quantitativen Stoffwechselforschung für die Gestaltung der Arbeit.

Mit besonderem Stolz erfüllt es den Stoffwechselforscher, daß er nach verschiedenen Richtungen hin wertvollsten

Dienst am Volke vollbringen kann. Er schuf in mühsamer Laboratoriumsarbeit die Grundlagen für eine vollwertige, rationelle Ernährung. Die Entdeckung der Vitamine erschloß die Möglichkeit, Unzulänglichkeiten in der Nahrungszufuhr zu beheben. Die Feststellung der mehr oder weniger leichten Zerstörbarkeit von Stoffen dieser Klasse spornte die Industrie an, Konservierungsverfahren ausfindig zu machen, bei denen die Vitamine erhalten bleiben (wenn auch unter Verlusten)[1]. Besonders groß waren die Erfolge, als man daran ging, zu prüfen, *ob sich die Arbeitsleistung des Menschen steigern läßt unter gleichzeitig verstärkter Schonung desselben.* Es galt ein richtiges Verhältnis zwischen Arbeit und Erholung ausfindig zu machen. Ferner war von Fall zu Fall zu erforschen, wie sich bestimmte Arbeitsbedingungen auf die Gesamtarbeitsleistung auswirken. Es setzte ein Studium des Handwerkszeuges ein. Man suchte z. B. nach einer optimalen Gestaltung der Schaufel (Stieldicke, Stiellänge, Größe der Schaufelfläche, ihr Winkel zum Stiel usw.). Ferner entstand beim Beladen eines Wagens z. B. mit Kohlen die Frage, welchen Einfluß die Höhe

[1] Es ist von E. Virgin vorgeschlagen worden, Gemüse und Obst auch im Haushalt unter einer Paraffinschicht zu konservieren und dadurch Verlusten insbesondere an Vitamin C vorzubeugen. Es wird, wie folgt, verfahren: Wasser wird zum Sieden erhitzt, dann Paraffin (Schmelzpunkt etwa 50°) in etwa $^1/_2$ cm hoher Schicht zugegeben und nunmehr das Obst, Gemüse usw. eingetragen. Dann wird gekocht und anschließend heiß mit dem Paraffin abgefüllt. Dann läßt man im Aufbewahrungsgefäß erkalten. Das erstarrende Paraffin liefert einen dichten Abschluß gegen Luftzutritt.

des Wagens auf die Arbeitsförderung und vor allem auch auf die Ermüdbarkeit des Arbeiters hat.

Es läßt sich nun jede Arbeitsleistung an Ort und Stelle in mannigfacher Weise kontrollieren. Man kann z. B. die Bewegungen des Arbeiters kinematographisch aufnehmen (evtl. Zeitlupenaufnahme!). Ein Beispiel: Eine Person, die keine Übung im Kartoffelschälen hat, erhält den Auftrag, diese Tätigkeit durchzuführen. Sie arbeitet langsam, erzeugt ganz verschieden dicke Schalen, führt viele ganz unnötige Bewegungen aus u. dgl. m. Eine geübte Person arbeitet viel rascher. Die Schalendicke fällt viel gleichmäßiger aus. Es werden nur die unbedingt notwendigen Bewegungen ausgeführt.

Verfolgt man einen derartigen Arbeitsgang an Hand einer Gaswechseluntersuchung oder mittels der Bestimmung des Energieverbrauches, dann erkennt man ohne weiteres, daß die geübte Person bedeutend weniger Stoffe umsetzt bzw. Energie aufwendet als die ungeübte.

Die *Arbeitsphysiologie* liefert eine unübersehbare Fülle von Problemen, die tief in das praktische Leben eingreifen. Es sei z. B. die Frage aufgeworfen, ob *die Anlage der Treppen in den Häusern, vom Standpunkt des Energieverbrauches betrachtet, zweckmäßig ist.* Es kommen in Frage ihre Neigung, die Stufenhöhe und unter Umständen auch ihre Tiefe. Man kann nun alle Möglichkeiten in Modellen herstellen, dann eine Person diese begehen lassen. Bei derartigen Versuchen stellte es sich heraus, daß die meisten Treppen unzweckmäßig angelegt sind. Bedenkt man, wie viele Personen (z. B. Briefträger, Arzt, abgesehen von den Bewohnern des Hauses) Tag für Tag infolge der ungünstigen Gestaltung der Treppe unnötig Energie verbrauchen, dann wird klar, was es bedeuten würde, wenn man bei der Anlegung von Treppen „energiesparend“ vorgehen würde.

Man kann täglich beobachten, wie unökonomisch vielfach gearbeitet wird. So sieht man z. B., wie ein Kohlenträger sich mit Mühe aufrechthält, nachdem er die Last aufgenommen hat. Er geht langsam zur Abladestelle und kehrt ziemlich erschöpft zur Aufladestelle zurück. Er eignet sich nicht für diese Arbeit. Die Last ist für ihn zu groß. Ein anderer Arbeiter läuft mit der Last rasch dahin. Er könnte ohne besondere Anstrengung eine noch schwerere Last tragen. In wieder anderen Fällen bemerkt man, daß ohne ausreichende Zwischenpausen in großer Hast gearbeitet wird. Die Arbeitsleistung sinkt fortlaufend. Die Einlegung einer Erholungspause zur rechten Zeit würde diese steigern.

Ein anderes Beispiel. Es soll ein Haus gebaut werden. Die Grundmauern sind gesetzt, und nun wird über dem Boden weitergebaut. Der Maurer bückt sich, um Stein an Stein zu fügen. Die Mauer wächst. Schließlich muß er sich recken, um weitere Steine aufsetzen zu können. Nun kommt die Arbeit auf dem Gerüst. Es wiederholt sich das gleiche: zuerst sich bücken und schließlich wieder das Recken! Würden Mörtel und Steine mittels eines Gerüstes fortlaufend so gehoben, daß der Maurer immer aufrechtstehend seine Arbeit verrichten könnte, so würde er entschieden mehr Arbeit leisten können und dabei weniger ermüden als bei der bisherigen Art der Maurerarbeit. Freilich müßte die Einrichtung einer automatischen Verschiebung des Gerüstes vorhanden sein.

Diese Beispiele mögen genügen, um zu zeigen, wie sehr die Forschung bemüht ist, die Leistungsfähigkeit des Arbeiters zu erhöhen, ohne ihn gleichzeitig auszupumpen. *Das Ziel der Arbeitsphysiologie ist im Gegenteil, die Gesamtleistung des Arbeiters unter gleichzeitiger Schonung desselben zu steigern.*

Zu der Betreuung des Arbeiters gehört nun auch die Vorsorge für eine möglichst zweckmäßige Ernährung. Es wird vielfach mißverstanden, daß Kohlehydrate und Fette besonders stark als Lieferanten für jenen Energieaufwand verwendet werden, der über den Ruheenergiewert hinaus gebraucht wird. Es wurde verlangt, daß hochwertige Nahrungsmittel dafür zur Verfügung gestellt werden sollten. Nun liegen die Verhältnisse, wie folgt. Mit jener Nahrung, die man zur Deckung der oben angeführten 2400 Kalorien verabreicht, werden alle erforderlichen Nahrungsstoffe — auch die Mineralstoffe — zugeführt. Ein sehr großer Teil des Kaloriengehaltes derselben dient auch der Energielieferung. Ist nun noch mehr Energie erforderlich, dann kann man sehr wohl als Energieträger Kohlehydrate und Fette bevorzugt verwenden. Eine Steigerung der Zufuhr an Mineralstoffen usw. würde nur eine vergrößerte Ausscheidung von solchen zur Folge haben, d. h. eine Verschwendung bedeuten.

Mit Nachdruck möchten wir noch hervorheben, *daß*

das seelische Moment bei der Arbeitsleistung eine hervorragende Rolle spielt. Man kann einen Arbeiter noch so zweckmäßig ernähren und die Arbeitsbedingungen immer vollkommener gestalten, er wird dennoch nicht auf die Dauer zum vollen Einsatz seiner Leistungsfähigkeit kommen, wenn er nicht Freude und Interesse an seiner Tätigkeit hat. Er muß fühlen, daß seine spezielle Arbeit ihren Wert innerhalb der Gesamtleistung hat. Die Bestrebung der Neuzeit, die Arbeitsstätte so würdig als nur möglich zu gestalten und dem Arbeiter innerhalb des Volksganzen die Stellung einzuräumen, die ihm zukommt, hat schon beste Früchte getragen. Von besonderer Bedeutung ist auch, daß durch sportliche Betätigung ein Ausgleich für oft notwendige, einseitige Muskeltätigkeit im Fabrikbetrieb geschaffen wird.

Schließlich noch ein Wort über *die Auswirkungen der Ablösung von Schwerstarbeit durch Maschinen!* Stellen wir uns vor, daß ein Arbeiter, der bis dahin 2000 Kalorien[1] aufwenden mußte, um eine bestimmte Leistung zu vollbringen, durch eine Maschine abgelöst wird. Er benötige jetzt für ihre Bedienung nur 1000 Kalorien[1]. Rechnet man eine solche Ersparung auf ein Jahr und eine große Anzahl von Arbeitern um, dann wird sofort klar, daß sehr große Nahrungsmittelmengen eingespart werden können. Es ändert sich jedoch die Ernährung eines in seiner Arbeitsweise umgestellten Arbeiters nicht nur quantitativ, vielmehr auch qualitativ. Vor unseren Augen vollzieht sich fortwährend eine solche Umstellung!

[1] Über den Ruheenergiewert hinaus.

Bei der Planung der Nahrungsmittelerzeugung müssen derartige Momente mit in Rechnung gesetzt werden.

Schlußbemerkungen.

Werfen wir nun zum Schlusse noch einen kurzen Blick auf die wesentlichsten Punkte des Ernährungsproblems. Es ist in allen seinen Teilen ein komplexes. Wenn wir allen Teilfragen gerecht werden wollen, dann müssen wir stets dessen eingedenk sein, daß keine davon für sich allein besteht. Es handelt sich nicht darum, einer Maschine Energiematerial zur Verfügung zu stellen, das für ihre Struktur das geeignete ist, und dafür zu sorgen, daß diese stofflich in Ordnung ist und endlich das geeignete Schmiermaterial in der richtigen Menge erhält, vielmehr haben wir einen sehr kompliziert gebauten Organismus einerseits mit Nahrungsstoffen zu versehen, die Energie liefern, und andererseits sind stoffliche Bedürfnisse zu befriedigen. Das, was wir als Bestandteile der Nahrung uns zuführen, geht nicht in der aufgenommenen Form in das Blut über (mit Ausnahme des Sauerstoffs und vielleicht des einen oder anderen Mineralstoffes), vielmehr erfolgt zunächst eine Umwandlung durch die Verdauung. Es schließt sich der Zellstoffwechsel mit allen seinen komplizierten Vorgängen an. Für seine Durchführung in den verschiedenartigen Zellen mit ihren besonderen Aufgaben innerhalb des Rahmens des Gesamtgeschehens müssen bestimmte Bedingungen erfüllt sein. Sie liegen zum Teil auf physikalischem, zum Teil auf chemischem Gebiet. Wir haben erfahren, daß Spuren von Stoffen, nämlich Fermente, Hormone und Vitamine, eine entscheidende Rolle hierbei spielen. Dazu kommen noch bedeutsame Einflüsse von seiten einzelner Stoffwechselprodukte. Schließlich greift fortgesetzt auch das Nervensystem ein.

Es vollziehen sich in unserer Entwicklung, angefangen vom Beginn unserer Existenz im Mutterleib bis zum Tode, Wandlungen in unserer Ernährung. Vor der Geburt wird das werdende Wesen durch den Mutterkuchen (Plazenta) hindurch von der Mutter aus ernährt. Ihr muß entsprechend mehr Nahrung zugeführt werden! Daher ist die Ernährung der Schwangeren ein besonders wichtiges Problem. Mit der Geburt gerät das Kind in vollständig neue Lebensbedingungen. Bislang brauchten viele Einrichtungen, die nunmehr eine entscheidende Rolle spielen, nicht in Tätigkeit zu treten. So war z. B. eine Wärmeregulation nicht notwendig. Nach der Geburt setzt sie ein. Sie ist zunächst noch nicht vollkommen auf der Höhe. Es muß deshalb sorgsam darauf geachtet werden, daß der Säugling weder zu kalt noch zu warm gehalten wird. Mit der ersten Nahrungsaufnahme werden zum erstenmal sämtliche Einrichtungen des gesamten Verdauungsapparates in Funktion gesetzt. Die normale Nahrung, die Muttermilch, ist in ihrer Zusammensetzung optimal für die Entwicklung des Kindes. Noch funktionieren nicht alle mit der Verdauung und der Resorption zusammenhängenden Vorgänge in vollkommenster Weise. Insbesondere dann, wenn es sich um eine Frühgeburt handelt, muß die Ernährung sehr vorsichtig durchgeführt werden, weil bei dieser die für die Erzeugung der Zellnahrungsstoffe im Magen-Darmkanal erforderlichen Prozesse noch besonders unentwickelt sind. Allmählich vervollkommnen sich alle Einrichtungen, und nunmehr ist es Zeit, neben der Milch andersartige Nahrungsmittel zuzuführen — zunächst in kleinen Mengen und dann allmählich ansteigend mehr, bis schließlich die Milch mehr und mehr in der Gesamternährung zurücktritt. Wir haben uns gemerkt, daß die Milch eisen- und auch vitaminarm ist. Mit Spinat-, Kartoffel-, Karottenbrei, Orangensaft usw. füllen wir ein vorhandenes Defizit aus. Solange die Mutter stillt, muß ihre Ernährung entsprechend gestaltet sein. Sie bringt Milch hervor und gibt sie ab! Das bedeutet selbstverständlich Mehrbedarf an Nahrungsstoffen.

Das *heranwachsende Kind* stellt dauernd besondere Ansprüche an die Ernährung. Es müssen fortlaufend Gewebe ausgebaut werden. Die Stoffwechselbilanz ist eine positive! Während der Erwachsene durch Hunger, länger dauernde Unterernährung u. dgl. m. nicht geschädigt zu werden braucht, wenn diese Zustände nicht zu lange Zeit andauern, bedeutet eine unzureichende Nahrungszufuhr für den wachsenden Organismus sehr bald eine Schädigung. Das Fehlen oder die unterwertige Zufuhr auch nur eines einzigen Nahrungsstoffes kann die Entwicklung des Körpers stören. Ist die ererbte Konstitution eine gute, dann können erhebliche Ausfälle bei zureichender Ernährung wieder vollkommen ausgeglichen werden.

Beim *Erwachsenen* bestünde kein Problem der Ernährung, vom Standpunkt der Praxis aus betrachtet, wenn die Verbundenheit mit der Scholle die frühere wäre. Die Natur bietet uns an sich in Fülle Nahrungsmittel, in denen alle jene Nahrungsstoffe, deren wir bedürfen, in ausreichender Menge enthalten sind. Wir müssen uns jedoch mit der Gegebenheit abfinden, daß Millionen von Menschen sich nicht unmittelbar und zu allen Jahreszeiten mit frischen Gemüsen, Obst usw. ernähren können. Mit dem Bestreben, die Ernährung großer Menschenmassen zu sichern und zugleich die Nahrung abwechslungsreich zu gestalten, setzten Verfahren ein, die zum Ziel hatten, einerseits Nahrungsmittel zu konservieren und andererseits den Nahrungsbereich zu erweitern. Dabei ist mancher Irrweg eingeschlagen worden. Wertvolle Nahrungsmittel wurden durch sog. Veredelung entwertet. Hier setzt nun das Bestreben ein, begangene Fehler wieder gutzumachen. Die Methoden der Herstellung von Konserven aus Gemüsen, Früchten usw. sind so gestaltet worden, daß z. B. der Vitamingehalt nicht eingebüßt wird. Das feine Getreidemehl wird zurückgedrängt und durch solches ersetzt, das mehr Kleienanteile enthält. Mit allem Nachdruck sei betont, daß jede Lücke, die sich bei bestimmten Ernährungsweisen ergibt, auf natürliche Weise geschlossen werden muß, d. h. es müssen von Fall zu Fall jene Nahrungsmittel herangezogen werden, die fehlende oder in zu geringer Menge vorhandene Nahrungsstoffe ersetzen können. Niemals soll man ohne zwingende Not zu Kunstgriffen, wie Bestrahlung von Nahrungsmitteln mit ultraviolettem Licht, Zusatz von einzelnen Vitaminen usw. greifen. Ein Zuviel z. B. an Vitaminen kann Schaden stiften.

Am zweckmäßigsten unterstützt man die Ernährung des Stadtbewohners, indem man ihm die Möglichkeit gibt, sich selbst wichtige Nahrungsmittel zu schaffen. In diesem Sinne wirken die *Schrebergartenanlagen.* Es ist dringend notwendig, daß in noch viel größerem Ausmaße, als das bisher der Fall war, für Kleingärten gesorgt wird. Sie sind in vielfacher Hinsicht für die Stadtbevölkerung von der denkbar größten Bedeutung. Die Möglichkeit, frisches Gemüse, Beeren- und sonstiges Obst, frisch gepflückt, zur Verfügung zu haben, enthebt die betreffenden Familien von jeder Sorge um eine ausreichende Vitaminzufuhr! Es wird zugleich erreicht, und das ist von besonderer Wichtigkeit, daß ganz von selbst ein richtiges Verhältnis zwischen animalischer und vegetabilischer Kost zustande kommt. Es besteht an sich bei der städtischen Bevölkerung die Neigung, der ersteren den Vorzug zu geben. Es ist an sich einfacher, animalische Gerichte herzustellen, als aus Pflanzenprodukten bestehende. Vor allem ist es für Gaststätten schwierig, während mehrerer Stunden Mahlzeiten bereitzuhalten, wenn diese aus Kartoffeln, Gemüse usw. bestehen sollen. Fleisch läßt sich rasch zubereiten und auch aufwärmen, ja schließlich lassen sich sogar mit entsprechenden Tunken usw. in schon bedenklichem Zustand befindliche Produkte „retten“! Aufgewärmte

Pflanzenkost schmeckt schlecht. Sie ist auch entwertet, weil z. B. Vitamine vernichtet werden. Hier gilt es aufzupassen. Derjenige, der gewohnheitsgemäß auf Gasthauskost angewiesen ist, hat die Pflicht, besonders sorgsam auf seine Nahrung zu achten und evtl. durch zweckentsprechende zusätzliche Nahrung sich vor Schaden zu bewahren. Die Überwachung des „Gasthauswesens" ist an sich von größter Bedeutung im Rahmen der Förderung der Volksgesundheit. Es sind schon jetzt nach dieser Richtung gegenüber früheren Zeiten große Fortschritte erzielt.

Vollkommen irrig wäre es, zu glauben, daß die *Landbevölkerung* sich ganz allgemein vollwertig ernährt! Obwohl an sich alle Bedingungen zu einer natürlichen Lebensweise gegeben sein könnten, finden wir nicht so selten schwere Versündigungen gegen diese. Manchesmal liegt es daran, daß das „Beste" verkauft wird und nur das für die Familie Verwendung findet, was irgendwie nicht auf den Markt gebracht werden kann, oder aber es herrscht weitgehende Unkenntnis über die Grundlagen der Ernährung. Es steht fest, daß Kinder von Bauern im Gefolge der durch Mangel an Vitamin A-Zufuhr eingetretenen Schädigungen erblindet sind, weil die Butter verkauft wurde und für die Kinder nur Magermilch übrigblieb. In diesem Zusammenhang sei mit Nachdruck betont, *daß bei auftretendem Mangel an Butter diese selbstverständlich in erster Linie den Kindern gehört.* Der Erwachsene kann diese ohne Schaden über eine längere Zeit hindurch entbehren. Für das Kind ist sie insbesondere als Quelle für Vitamin A von der allergrößten Bedeutung. Selbstverständlich tut Vollmilch den gleichen Dienst.

Bei der Ernährung spielen Gewohnheiten eine große Rolle. Man soll ihnen, wenn sie nicht schädlich sind, nicht entgegentreten. Vielfach ist die Gestaltung der Ernährung von den Produkten abhängig, die die Landwirtschaft in der einzelnen Gegend hervorbringen kann. Es gibt solche, in denen nur Roggen mit Vorteil angepflanzt werden kann, in anderen gedeiht der Weizen besser. In wieder anderen steht die Kartoffel in besonders großen Mengen zur Verfügung. Es schwanken die Mengen an Kartoffeln, an Brot usw., die in verschiedenen Gegenden aufgenommen werden, nicht unerheblich. Es wäre verkehrt, eine Einheitlichkeit in der Verwendung der einzelnen Nahrungsmittel anzustreben.

Betont sei noch der hohe Wert der abwechslungsreichen Nahrung. Man muß dem Organismus die Möglichkeit des Ausgleichs geben. Vielleicht ist in dieser oder jener Mahlzeit zu wenig Vitamin B_1 oder Kalzium oder Eiweiß usw. aufgenommen worden. Dieser Ausfall wird entweder durch Vorräte gedeckt, die von vorausgegangenen Nahrungsaufnahmen stammen, oder es geschieht dies durch nachfolgende. Jede eintönige Ernährung führt zu Schäden. Sie äußern sich oft schon dadurch, daß Abneigung gegen das ewige Einerlei entsteht. Mancher Erfolg eines Ferienaufenthaltes ist nicht, wie geglaubt wird, auf das veränderte Klima, die Ausspannung usw. zurückzuführen, vielmehr auf die andersartige Kost.

Wie sehr bestimmte Vorstellungen die Ernährung beherrschen, dafür bietet die *Milch* ein besonders schönes Beispiel. Als der Versuch unternommen wurde, sie in vermehrtem Ausmaße als Nahrungsmittel für den Erwachsenen zu verwenden, stieß man in weiten Kreisen auf entschiedenen Widerstand. „Wir sind doch keine Säuglinge!" so hieß es. Mehr und mehr setzte sich dann die Milch als Volksnahrungsmittel durch. Es ist dringend notwendig, ihr noch viel mehr Geltung zu verschaffen. Zur Belehrung sei an Hand der Milch auf folgendes hingewiesen. Mitten in die Bemühung, der Milch einen Platz unter den Nahrungsmitteln des Erwachsenen zu sichern, platzte die Mitteilung hinein, sie sei nicht vollwertig, denn sie enthalte zu wenig Eisen! Wir haben schon erfahren, daß sie in der Tat eisenarm ist. Da jedoch neben der Milch weitere eisenhaltige Nahrungsmittel aufgenommen werden, stört dieses Defizit selbstverständlich nicht. Es wäre genau so töricht, den geschliffenen Reis aus der Küche zu verbannen, weil er praktisch kein Vitamin B_1 enthält! Wenn wir daneben Nahrungsmittel verwenden, die dieses aufweisen, dann steht der Verwendung des genannten Nahrungsmittels selbstverständlich nichts im Wege.

Man spricht sehr viel von „*Nährschäden*"! Weite Kreise bemühen sich, durch allerlei Reformen bessernd auf die gesamte Ernährungslage einzuwirken. Dabei wird häufig übersehen, daß es in sehr vielen Fällen nicht die *Qualität* der Nahrung ist, die zu wünschen übrig läßt, vielmehr ist es die *Quantität*, die zu Störungen führt.

Es wird in einem weit größeren Ausmaße zuviel gegessen, als in der Regel angenommen wird. Der Mensch ist auf der einen Seite geradezu rührend um die Erhaltung seiner Gesundheit bemüht, und auf der anderen tut er alles, um sie zu untergraben. Er hütet sich ängstlich vor Zug und überfüttert sich gleichzeitig dauernd. Er mutet damit seinem Verdauungsapparat unausgesetzt zuviel zu. Zahlreiche Organe werden unausgesetzt überlastet: Herz, Leber, Nieren usw. Bei einer Kost, in der Pflanzennahrung überwiegt, wird es seltener vorkommen, daß zuviel Nahrungsstoffe zugeführt werden, wohl aber ist die Gefahr groß, wenn die animalische Kost überwiegt, namentlich, wenn sie fettreich ist. Die entsprechende Zubereitung der Mahlzeit mit allen möglichen Zutaten verlockt weit über den Bedarf hinaus Nahrung aufzunehmen. Ist dann Schaden eingetreten, dann wird „kuriert", um nach Erholung von neuem mit der Überfütterung zu beginnen!

Es gibt noch andere schwere Schädigungen der Ernährung, und das ist die *Alkoholzufuhr* in ihren so mannigfaltigen Formen. Es ist hier nicht der Ort, uns darüber zu unterhalten, von welcher Menge an Schädigungen zu befürchten sind. Wir wollen nur darauf hinweisen, daß der Alkohol an sich die Verdauung ungünstig beeinflussen kann. Er geht in unseren Zellen, soweit er umgesetzt wird, in Kohlensäure und Wasser über und liefert dabei Energie. Exakte Untersuchungen haben immer wieder ergeben, daß diese z. B. nicht für Muskelarbeit verwendet werden kann. Sie stiftet offensichtlich keinen Nutzen. Alkohol ist trotz aller gegenteiligen Behauptungen kein wertvoller Nahrungsstoff. Wird Alkohol in irgendeiner Form in beträchtlichen Mengen aufgenommen, dann kann die Ernährung in mehrfacher Weise geschädigt werden. Einmal kann es sein, daß zu wenig Geld übrigbleibt, um hochwertige Nahrungsmittel zu kaufen[1]. Weiterhin kann die Nahrungsaufnahme als solche eingeengt sein, weil der dazu erforderliche Appetit fehlt (nicht so selten bilden sich schwere Störungen in der Magenschleimhaut aus). Es ist nicht ohne Interesse, daß man gewisse Erkrankungen des Alkoholikers in Zusammenhang mit einer zu geringen Zufuhr an Vitamin B_1 bringen konnte. Es ist als großer Fortschritt zu bezeichnen, daß die alkoholischen Getränke schon seit einiger Zeit nicht mehr in Aufstellungen von Kostsätzen enthalten sind. Es gab eine Zeit, in der das der Fall war! Man muß die ohne Zweifel vorhandene zu hohe Alkoholzufuhr unbedingt auch vom Standpunkt der Ernährung aus betrachten, und zwar nicht nur jener Person, die dem Alkoholismus verfallen ist, vielmehr von dem der ganzen Familie aus. *Zuerst kommt die Sorge um eine möglichst vollwertige Ernährung! Erst wenn diese sichergestellt ist, darf sich der Genuß melden!* Man bedenke stets, was eine die Gesundheit fördernde Ernährung für die Erhaltung der Arbeitsfähigkeit und die Förderung der Widerstandskraft gegen Erkrankungen bedeutet!

[1] Den gleichen Zustand erzeugt der Tabak in all seinen mannigfaltigen Formen!

Es ist immer wieder versucht worden, den Gesamtzustand eines Menschen und namentlich von Kindern in Hinsicht auf die Ernährungslage formelmäßig festzulegen. Bald war es die Sitzhöhe im Verhältnis zu einem anderen Faktor, bald eine andere Größe, die es ermöglichen sollte, namentlich bei Massenuntersuchungen rasch einen Überblick über den Zustand von Individuen zu gewinnen. Die Erfahrung zeigt jedoch, daß Körpergewicht, Längenmaß usw. nicht genügen, um festzustellen, ob eine Person sich in normalem Ernährungszustand befindet. Beobachtungen an Tieren zeigen, daß bei bestimmten Ernährungsarten zunächst oft weder am Körpergewicht, noch im Aussehen usw. etwas Besonderes feststellbar ist und dennoch tiefgehende Unterschiede in der „Stoffwechsellage" vorhanden sein können. So konnte z. B. festgestellt werden, daß Ratten, wenn sie eiweißreich ernährt werden, außerordentlich unruhig sind. Sie sind ferner angriffslustig und beißen leicht. Ratten, die den einen oder anderen stickstofffreien Nahrungsstoff bevorzugt erhalten unter starker Zurückdrängung des Eiweißes, verhalten sich sehr ruhig. Es zeigen sich ferner bei in bestimmter Weise ernährten Tieren — z. B. Kaninchen — je nach der Ernährungsart Unterschiede gegenüber der Wirkung bestimmter Stoffe, wie z. B. Thyroxin, Adrenalin und Insulin. Es ist insbesondere das sympathische Nervensystem, das verschieden leicht anspricht. Wir zweifeln nicht daran, daß auch Menschen im Stoffwechselgleichgewicht sein können, soweit uns die üblichen, an sich recht groben Methoden, einen Einblick in dieses ermöglichen, während in qualitativer Hinsicht doch etwas nicht ganz in Ordnung sein kann. Wir haben mehrfach darauf hingewiesen, daß Hormone den Stoffwechsel steuern helfen. Damit diese ihren Aufgaben gewachsen sind, müssen die sie hervorbringenden Zellen voll funktionsfähig sein. Das allein genügt jedoch nicht, sie müssen auch über das erforderliche Baumaterial verfügen, aus dem sie ihre Sendboten bilden. D. h. mit anderen Worten: bestimmte Hormonorgane beeinflussen den Stoffwechsel, zugleich sind sie selbst jedoch in ihrer Tätigkeit wieder von der Ernährung und dem sich anschließenden Stoffwechsel abhängig. Dazu kommt nun noch, daß Hormone, und das gleiche gilt für Vitamine, zur Entfaltung ihrer Wirkung bestimmter Bedingungen bedürfen. Es sei an die S. 82 und 86 mitgeteilten Befunde erinnert, wonach Vitamin B_1-pyrophosphorsäure und Vitamin B_2 in Kombination mit Eiweiß bestimmten Aufbaues Fermentfunktionen vermitteln. Es ist durchaus möglich, daß auch andere Stoffe dieser Reihe erst nach erfolgter Umwandlung oder in Kombination mit anderen Verbindungen wirksam werden.

Wir treffen überall auf engste Beziehungen zwischen verschiedenem Geschehen im Organismus. Sie sind nie einseitig, vielmehr handelt es sich immer um Wechselbeziehungen. Ist man sich der grundlegenden Bedeutung dieser Erkenntnis klar, dann wird man nie versuchen, den Ernährungszustand eines Individuums formelmäßig festzulegen.

Sachverzeichnis.

Batch number: 10697689

Printed by Printforce, the Netherlands